U0380540

本研究受国家社科基金项目

"我国生态文明区域协同发展的动力机制研究"资助

（编号12CKS022）

我国生态文明区域协同发展的动力机制研究

陈 军　王小林◎著

人民出版社

责任编辑:吴焰东

封面设计:姚 菲

图书在版编目(CIP)数据

我国生态文明区域协同发展的动力机制研究/陈军,王小林 著. —北京:
人民出版社,2020.3

ISBN 978 - 7 - 01 - 021514 - 3

Ⅰ.①我… Ⅱ.①陈…②王… Ⅲ.①生态环境建设-研究-中国

Ⅳ.①X321.2

中国版本图书馆 CIP 数据核字(2019)第 242292 号

我国生态文明区域协同发展的动力机制研究
WOGUO SHENGTAI WENMING QUYU XIETONG FAZHAN DE DONGLI JIZHI YANJIU

陈军 王小林 著

人民出版社 出版发行
(100706 北京市东城区隆福寺街 99 号)

北京中科印刷有限公司印刷 新华书店经销

2020 年 3 月第 1 版 2020 年 3 月北京第 1 次印刷
开本:710 毫米×1000 毫米 1/16 印张:15.5
字数:180 千字

ISBN 978 - 7 - 01 - 021514 - 3 定价:62.00 元

邮购地址 100706 北京市东城区隆福寺街 99 号
人民东方图书销售中心 电话 (010)65250042 65289539

目　录

前　言

人类在同自然的互动中生产生活，人与自然之间的利用与被利用、服务与被服务的交融关系构成了人类社会最基本的关系，也构成了整个社会的生态结构和运行秩序。改革开放四十多年来，我国立足于经济建设和社会发展的生动实践，积极学习借鉴世界各国生态环境保护和可持续发展经验，创造性地提出了生态文明概念，与时俱进地开展了一系列致力于促进人与自然和谐共生、实现经济发展与生态环境保护双赢的积极探索。党的十八大以来，我国将生态文明建设作为"五位一体"现代化事业总体布局的重要内容，通过深入推进生态文明体制改革、加快生态文明建设，国土空间格局不断优化、资源节约全面施行、生态环境质量总体改善、重大生态修复稳步落实，生态文明理念日益深入人心，生态文明发展水平迈上新台阶。新时代的中国日益成为全球生态文明建设的重要参与者、贡献者和引领者。

当然，也须清醒地认识到，要解决过去多年来经济高速增长过程中积累的生态环境问题，绝非朝夕之功。我国经济正由高速增长阶段转向高质量发展阶段，生态文明建设仍然处于压力叠加、负重前行的关键期，正处于如何提供更多优质生态产品以满足人民对优美生态环境需求的攻坚期，也到了有条件有能力解决生态环境突出问题的窗口期。为此，我国需要继续坚持节约优先、保护优先、自然恢复为主的方针，坚定不移地走好生产发展、生活富裕、生态良好的文明发展的道路。建设实现人与自然和谐共生的现代化，需要将生态文明建设置于实现中华民族伟大复兴的中国梦的伟大实践之中，需要发挥中国特色社会主义制度的独有优势，更好地塑造人与自然、人与人、人与社会的协调关系，推动经济社会发展绿色转型，推进符合社会发展规律的生产方式变革；需要更好地促进思想与行动、历史与现实、个体与社会、民族与世界的有机统一，更加系统地思考和回答当前我国生态文明建设中面临的理论问题和实践问题。

我国幅员辽阔、人口众多，是世界上最大的发展中国家。复杂多样的自然条件、特色突出的地理环境、悠久多元的历史文化在区域之间汇聚，同区域社会发展水平与经济技术规模共生。这为各地区因地制宜开展生态文明建设提供了有利条件，也为生态文明建设和制度创新提供了丰富场景。然而，受到发展条件、发展方式和发展路径的影响，特别是受到经济结构调整、技术制度变迁、历史文化嬗变的影响，我国生态文明建设呈现了明显的区域差异。这既是区域之间异质性自然地理条件的直观映射，又是区域之间资本、技术和劳动等生产要素差别化投入产出关系的深刻体现。在现代化生产体系下，这些区域差异影响区域生产方式的选择，决定着区域发展的规模和速度、质量和效率以及人们在思想观念、精神面貌、行为方式上的分化，导致不同区域生态文明建设的决策科学性、行为自觉性和组织有效性等产生差距，如果不能得到有效调节，势必影响生态文明建设整体水平的提高。

在我国区域层次多、数量大、发展不平衡不充分的背景下，如何实现生态文明跨区域的协同发展，即通过有效的机制和政策安排，引导具有不同生态基础但却具有较强的经济地域关联的区域单元协同共生,使生态文明建设形成合作协调发展的合力,已经成为加快生态文明体制改革、建设美丽中国的现实需要。推进生态文明区域协同发展,引导不同地区自然资源节约集约化利用、生态环境保护、国土空间优化和制度建设,充分发挥各自的比较优势,有利于形成互惠互利协调共生的区域发展格局。这对促进不同区域之间的资源、环境、空间、经济和社会系统的持续良性循环,提高生态环境质量、全社会生态产品保障能力具有重要意义。

从区域协同发展与资源节约利用、生态环境保护相结合的角度考察我国生态文明区域协同发展的问题,成为近年来人们关注的重要内容。本书作者一直从事生态文明建设问题的研究,先后承担了我国工业化与生态文明建设、我国资源环境问题的区域差异和生态文明指标体系等课题的研究任务,思考了在资源禀赋、空间承载、行政分割等多重约束下,区域之间如何促进自然资源开发利用的分工与合作等相关问题。尽管受认知水平限制,对一些问题的理解并不系统、不全面,然而,这丝毫不影响作者探索这些问题的兴趣。

通过梳理和总结现有研究成果,作者以习近平新时代中国特色社会主义思想和习近平生态文明思想作为理论指导,明确了本书写作意图和基本出发点,即:以提高生态文明发展水平为导向,以区域协同发展的内在现实性为基点,深入把握我国生态文明区域发展空间格局演变和空间效应形成规律,重点挖掘生态文明与区域发展支持条件之间协同作用的综合体系、机制及其基本规律,探究促进中国生态文明区域协同发展的政策,寻求促进加速推进生态文明建设的对策。本书立足于新发展理念,结合区域协调发展新的时代要求、丰富内涵和价值标准，探索我国生态文明区域协同发展的动力机制，提出促进生态文明区域协同发展的总体思路和政策实施路径，这或将为促进我国生态文明区域协同发展提供有益的启示。

本书分为七个组成部分。绪论部分介绍了生态文明的概念界定、生态文明建设之于中国特色社会主义的意义、我国生态文明区域发展不均衡的具体表现、现有研究评述和本书的内容与价值等；第二部分对生态文明区域协同发展的内涵、目标指向和时代意义等内容进行了阐述；第三部分基于生态创新的视角，对我国区域生态文明发展水平进行了测度分析，并对其影响因素展开了实证研究；第四部分在把握我国生态文明区域协同发展空间格局演变的基础上，对生态文明区域协同发展的空间效应与差异性进行实证研究，阐述了我国生态文明区域协同发展的影响因素及作用机理；第五部分将我国生态文明区域协同发展的空间载体作为有机系统加以认识，对我国生态文明区域协同发展的系统的构成、特征及驱动机制等基本范畴进行了揭示；第六部分在探讨我国生态文明区域协同发展的政策取向、总体思路的基础上，提出了促进生态文明区域协同发展的政策思考；第七部分总结了本书的研究结论及尚待进一步解决的问题。

不同区域在经济结构、区域分工、市场条件、生态修复、环境治理等方面都存在相互竞争与合作的关系，这种关系渗透到生态文明建设和区域发展各个环节、各个方面的相互联系与作用之中。因此，本书认为，生态文明区域协同发展需要有效的市场机制、空间组织机制、互助合作机制、援助扶持机制和复合治理机制，并离不开这些机制得以运行的现实条件。随着社会主义市场经济体制不断完善、国家治理能力逐步提高、治理体系现代化进程稳步推进，这些机制和条件将日趋成熟且发挥出日益重要的作用。但是，如何将这些机制与条件有机结合起来以更好地发挥优势和作用，仍是一项艰巨任务。这是我国生态文明区域协同发展得以实现的关键，也是需要继续分析和把握的重点。

当前，我国各地区以党的十九大精神和习近平新时代中国特色社会主义思想为指导，积极贯彻新发展理念，建设现代化经济体系，加快生态文明体制改革，建设美丽中国，人与自然和谐共生的现代化建设新格局正在从理论转变为实践、由蓝图变成为现实。在这样的背景下，以区域空间形态创新为载体，以生态文明区域协同发展的制度设计为主要内容，以经济布局协调化、市场发育完整化、发展时序合理化、政策制定科学化和公共服务均等化为支撑条件的生态文明区域协同发展创新实践，必将取得积极的成效。可以预见，无山不绿、无水不清、四时花香、万壑鸟鸣的美丽中国必将成为人们幸福生活的乐园。

生态文明区域协同发展是一个新的研究论题。尽管本书竭力围绕该论题的动力机制展开了理论研究和实证分析，试图构建较为完善的分析框架，但囿于能力和精力，书中尚有许多不成熟、不完善之处有待今后进一步研究，恳请读者批评指正。希望本书的出版能起到抛砖引玉的作用，能为学术界同仁提供启发和借鉴。

作　者

2019 年 9 月

绪　论

　　党的十八大以来，在以习近平同志为核心的党中央的正确领导下，遵循尊重自然、顺应自然、保护自然的理念，全国各地按照"五位一体"社会主义现代化建设的总体布局，立足于自身既有条件，不断调整生产生活方式，大力推进生态文明建设，在增进社会福祉的同时，很大程度上实现了资源节约、环境友好和生态改善，为全面建成小康社会和实现中华民族伟大复兴的中国梦夯实了基础。习近平总书记指出，"中国共产党人的初心和使命，就是为中国人民谋幸福，为中华民族谋复兴"[①]。解放和发展生产力，实现人的全面发展，建立真正满足属于人的功能和需求为主要内容的存在方式，这是中国特色社会主义的本质特征和核心价值。[②]经过改革开放四十多年的快速发展，我国经济社会发展取得了举世瞩目的伟大成就，也已积累了巨大物质、精神和制度财富，形成了中华民族进入中国特色社会主义新时代的历史积淀。"生态兴，则文明兴"，生态文明建设是中华民族永续发展的千年大计。调整生产生活方式，构建我国政治、经济、社会和自

---

　　① 习近平:《决胜全面建成小康社会　夺取新时代中国特色社会主义伟大胜利——在中国共产党第十九次全国代表大会上的报告》，人民出版社2017年版，第1页。

　　② 陈学明:《生态文明论》，重庆出版社2008年版，第13页。

然之间的和谐秩序，缓解人与自然紧张关系和矛盾与冲突，是奋力开创新时代中国特色社会主义生态文明建设新局面的必然要求。

第一节　生态文明的概念界定

作为人类文明的一种高级形态，生态文明描述的是"人类既获利于自然，又还利于自然，在改造自然的同时又保护自然，人与自然之间保持着和谐统一的关系"[①]，其所呈现的是物质生产与精神生产高度发展、自然生态与人文生态和谐统一的社会状态。[②] 基于不同视角，学界对生态文明概念有着诸多不同见解。尽管这些理解和界定彼此存在差异，但是总体上看，作为文明发展高级形态下的社会存在，生态文明强调的是在工业化后期或后工业化时代，人们在改造物质世界的同时，积极主动地改善和优化人与自然、人与人以及人与社会的关系，在尊重自然、顺应自然、保护自然的前提下，通过不断改善物质、精神与制度等社会财富的创造与分享方式，实现人类生产消费活动与自然的良性循环与和谐共生，促进人类全面协调可持续发展。这是生态文明理念区别于其他社会发展理念最为突出的特征，其实质是重塑自然、经济和社会三者之间和谐共生的秩序。因此，尽管生态文明是一个抽象、复杂且又不断发展的概念，但是基于概念分析，可以从如下三个角度理解其内涵。

[①] 刘思华：《对建设社会主义生态文明论的若干回忆——兼述我的"马克思主义生态文明观"》，《中国地质大学学报（社会科学版）》2008 年第 4 期。

[②] 成金华、陈军、李悦：《中国生态文明发展水平测度与分析》，《数量经济技术经济研究》2013 年第 7 期。

一、时空嬗变的视角

人与自然之间利用与被利用、服务与被服务的交融关系，构成整个社会的生态结构和运行秩序。这种结构和秩序的稳定性和协调性将直接决定人类文明进步发展的持续性和广延性。生态文明既要继续满足"自然为人所用"的需要，更要实现"人为自然服务"的转化。紧密围绕人类命运共同体的可持续生存和社会总体的永续性发展这一基本问题，需要对当前的人们及子孙后代持有什么样的自然观、价值观和采取什么样的方法论来认识与处理自然系统、社会系统和经济系统之间的关系，作出科学的制度设计，构建和谐的运行秩序。

从人类社会已有的发展进程来看，人类已经经历了原始文明、农业文明、工业文明三个阶段。在原始文明和农业文明阶段，人类在自然力量面前显得渺小和卑微，人类社会为了生存和发展，一直和自然界进行艰苦卓绝和不屈不挠的斗争，把每一次战胜自然和人类社会所取得的进步都视为人类自身的巨大成就，并由此而感到骄傲。人类社会进入工业文明以后，机器化大生产方式出现，彰显了人类认识自然和改造自然的巨大能力，在创造巨大的物质财富的同时，人类以胜利者的姿态获得了征服自然的满足感，并自我陶醉。人类欲望"潘多拉盒子"的开启改变了人们对待自然的态度，它把人类的意志凌驾于自然之上，贪婪地向自然索取，破坏和扭曲了人与自然之间和谐共存的关系，打破了人类与自然之间千百年来宁静的运行秩序。恩格斯指出，"我们不要过分陶醉于我们人类对自然界的胜利。对于每一次这样的胜利，自然界都对我们进行报复。"①"人类仿佛转瞬之间进入到了自己

---

① 《马克思恩格斯选集》第 3 卷，人民出版社 2012 年版，第 998 页。

编织的藩篱之内，走向了一个不确定的未来"①。生态文明直面人类社会发展的困境，从历史的回溯和人类的迷茫、反思中悄然而来，如新世界第一缕曙光，照亮人类前行的方向。

从全球和区域范围来看，当今世界为了资源而产生的冲突、战争以及由此形成的国际关系和政治、经济秩序，实质上都是人与自然之间的矛盾和冲突在世界经济、政治、文化、种族版图上的写照。从《寂静的春天》到《增长的极限》，从《我们共同的未来》到《地球宪章》，人类社会第一次集体反思人性的自私和贪婪，面对难以解决的全球性的人口、土地、粮食、生态、环境、资源、能源和贫困等问题，世界各国需要携手同行。工业文明凭借市场力量、殖民贸易和殖民战争等力量开辟的世界历史，是地域的、国别的、民族的历史，是资本主导下的世界一体化现象，它以极端精致的利己主义方式将人与自然之间的紧张矛盾在国家与国家之间转嫁并在全球范围内蔓延。在工业文明下的资本贪婪本性得不到世界各国的控制，任由其在全球范围泛滥，寻求人与自然之间冲突的全球治理和区域治理只能是一厢情愿，全球范围内的生态环境危机和局部的人道主义灾难将是人类难以治愈的"阿克琉斯之踵"。生态文明以"真、善、美"的人文关怀，带着对人类命运的呵护使命，警惕着工业文明下的资本恶性，呼唤重塑人与社会、国家与国家以及文明与文明之间的共存秩序。生态文明尊重发展公平和正义的权利，在协调人与自然之间的关系中，提供了解决全球性和区域性矛盾"另外的道路"，为构建人类命运共同体注入了新的自然观、世界观和方法论。这必将覆盖地球上人类足迹所至的每个地方和每个国度。

---

① 李悦:《基于我国资源环境问题区域差异的生态文明评价指标体系研究》，博士学位论文，中国地质大学（武汉），2015 年。

二、价值追求的视角

自然资源是人类生存最为基础的条件，是人类文明传承发展的基石，是兼具商品、生态和公共产品属性的统一体。自然资源具有商品价值，其作为基本生产要素投入生产过程中，通过改变社会生产函数及其投入产出关系，形成了现实的商品和市场收益；自然资源具有生态价值，它作为自然世界的有机组成部分，本身具有水土涵养、污染净化、环境保育等内在自然功能；自然资源具有社会价值，它向人们提供具有舒适性的生态服务，使人们从中获得情感陶冶和心灵愉悦的效用。不同文明阶段下人们对自然资源的认识和价值取向不同，从而形成了鲜明的自然观、价值观和方法论，并围绕资源利用和配置衍生出相应的社会、经济、政治结构及其运行秩序。

工业文明下资本的增值和逐利性专注于自然资源或自然资源的商品属性，将其作为攫取超额利润的源泉之一，形成了资本至上的价值取向。在资本贪婪本性的驱使下自然资源被人类无休无止地索取，从而人为割裂了三者的内在联系，并造成了这三种属性的内部对立。这一价值取向主导下的经济社会生产方式引发的一系列生态危机、社会贫困和人道主义灾难，以及由此产生的社会和政治失衡和失序，从资本主义产生的那一天起从来没有停止过。尽管西方社会对此进行了反思并提出了可持续发展观和生态全球治理理念，但是资本的逐利本性全然抛弃了自然资源的生态属性和社会属性，这是资本主义社会不可调和的内在矛盾在人与自然关系中的具体再现。

生态文明是在后工业文明时代的"历史继承"，但是不以资本为中心，而是坚持以人民为中心的价值取向，在限制和发挥资本逐利原则和增殖原则之间保持合理的张力，把自然资源的商品、生态和公共产品属性有机统一，将资本在实现利润最大化的过程中对自然环境的伤害降到最低程度，不断满足人类发展的需要，实现人类的解放。在以人民为中心的价值取向下，生态文明主要解决的是工业文明导致的资源耗竭、污染积聚和生态破坏等威胁人类生存、健康及社会稳定与持续繁荣等突出问题，引导人们改变不合理的生产方式、生活方式，创造和运用绿色技术，在增加社会福祉的同时实现资源节约、环境改善和生态健康，逐步消减乃至化解文明与自然的冲突，这将是生态文明要承载的关键使命。

三、制度构建的视角

生态文明建设是调整社会生产关系的过程，需要依托相应的制度架构。基于自然资源在生态文明建设中的本源性、基础性地位，以及其自身的商品属性、生态属性和公共产品属性，可以将生态文明的制度分解为经济制度、社会制度和政治制度。生态文明建设过程本质上要求从制度层面在经济权力、社会权力和政治权力相互博弈中寻求平衡。从制度构建视角而言，生态文明是从协调人与自然之间的关系出发，重塑整个社会的政治、经济和社会秩序，形成新的制度文明。而一个国家的历史、文化、国情和基本的经济、社会和政治制度是这一国家生态文明制度形成的依托，也是生态文明建设路径选择的历史和现实约束。

资本主义制度下的工业文明奉行资本逻辑，按照资本的效用原则把一切东西都变成"有用的体系"，并按照增殖原则追求最大的利润，造成了资本与自然界的对立，割裂了自然资源商品、生态和公共产品属性的有机统一。简单地赋予自然资源以经济价值，把生态环境纳入市场体系之中，建立"地球资产负债表"，其实质是把自然资源市场化、资本化，其结果也仅仅只是"市场乌托邦"的精神寄托。在不触动资本逻辑的前提下要从根本上消除生态危机是一种望梅止渴的"生态幻想"。如果社会主义制度下的工业文明也奉行资本逻辑，把社会主义简单地理解成只是发展生产力，永无止境地追求经济增长，忽略甚至剥夺了人和自然的世界价值，那么生态危机仍然不可避免地在社会主义制度下重演。这与社会主义以"人民为中心"的根本宗旨相背离。

生态文明要求以"人民为中心"，直面资本逻辑，在限制与超越资本逻辑和发挥与实施资本逻辑之间保持合理的张力，实现自然资源三种属性的有机统一。生态文明一经出现就同社会主义建立了天然联系。生态文明制度的形成需要从以"资本至上"为中心转变为以"人民为中心"，从自然资源三种属性的内在冲突和统一中寻求经济权力、社会权力和政治权力的平衡，识别并厘清"社会、市场、政府"三位一体权力的边界，变革和重构以"人民为中心"的社会制度，以此重塑政治、经济和社会秩序。

第二节　生态文明建设：中国特色社会主义的应有之义

新中国成立70年来，特别是改革开放四十多年来，我国经济社会发展取得了举世瞩目的成就。然而，由于受到思想观念、历史文化和体制机制的制约，作为世界上最大的发展中国家，我国长期以来所形成的粗放型发展方式使得经济社会发展面临日益严峻的资源环境约束，区域经济绿色低碳循环发展中不平衡、不充分的一些突出问题尚未解决，生态环境保护任重道远。中国特色社会主义进入新时代，特别是进入全面建成小康社会的决胜阶段后，在全社会统一人与自然和谐共生的思想理念，全员、全方位、全过程凝聚力量加快推进生态文明建设，既是立足当前我国社会主义初级阶段基本国情深刻反思历史经验的必然结果，又是面向国家和民族未来深刻转变发展思路的必然结果，从根本上体现了坚持和发展中国特色社会主义的新要求。

一、生态文明建设是我国经济社会发展的迫切需要

自 20 世纪 90 年代明确提出实施可持续发展战略以来，我国在促进协调人口、资源、环境的关系上付出了巨大努力，为国民经济持续快速增长和人民生活改善提供了重要的条件保障。近年来，全国各地区把"生态文明建设放在突出地位，融入经济建设、政治建设、文化建设和社会建设各方面和全过程"[①]，在资源节约、环境保护、国土空间优化和生态文明制度建设等关键领域取得了重大进展和积极成效。但是，应该更加清醒地认识到，当前我国的基本国情——我国仍处于并将长期处于社会主义初级阶段的基本国情没有变，[②]我国是世界上最大发展中国家的国际地位没有变，人民日益增长的美好生活需要同不平衡不充分发展之间的矛盾成为社会主要矛盾并将长期存在，[③]这就决定了发展仍是解决我国所有问题的关键。与此同时，作为一个巨大转型经济体，我国当前在面临资源环境约束趋紧、环境污染严重、生态

[①]　胡锦涛：《坚定不移沿着中国特色社会主义道路前进　为全面建成小康社会而奋斗——在中国共产党第十八次全国代表大会上的报告》，人民出版社 2012 年版，第 39 页。

[②]　胡锦涛：《坚定不移沿着中国特色社会主义道路前进　为全面建成小康社会而奋斗——在中国共产党第十八次全国代表大会上的报告》，人民出版社 2012 年版，第 16 页。

[③]　习近平：《决胜全面建成小康社会　夺取新时代中国特色社会主义伟大胜利——在中国共产党第十九次全国代表大会上的报告》，人民出版社 2017 年版，第 11 页。

系统退化等矛盾的同时，还面临着经济增长放缓、结构调整阵痛、动能转换困难等日益复杂的多重挑战。这些矛盾和问题如果长期得不到缓和与化解，势必制约"两个一百年"奋斗目标的实现，势必影响中华民族的长治久安。因此，充分认识推进生态文明建设的极端重要性和紧迫性，立足"美丽中国"事业全局，坚定不移转变发展方式破解发展难题，开拓发展新境界，是我国经济实现高质量发展，社会得以持续、健康、稳定运行的迫切需要。

二、生态文明建设是满足人民美好生活需要的现实响应

人民是历史的创造者，群众是真正的英雄，人民群众是社会历史的主体，是中国特色社会主义伟大事业的力量源泉。[①] 在革命和建设历程中，我国各族人民依靠自己的勤劳、勇敢和智慧，取得了民族独立、人民解放、国家富强的一系列伟大胜利，开创了生产生活的美好家园。在快速工业化、城市化的历史浪潮下，面对日益突出的资源环境问题，人民群众更加渴望获得更多、更加便利的生态服务和生态产品，"望得见山、看得见水、记得住乡愁"的需求已成为人们精神生活的重要向往和美好愿景。这在本质上都是对获得更好发展权利、发展机会、发展成果的合理冀求。[②] 党和政府在团结带领人民全面建成小康社会、推进社会主义现代化、实现中华民族伟大复兴中国梦的进程中，[③] 反复强调要重视同人民保持血肉联系，始终坚持为人民服务的

①　曾志刚、冯志峰：《习近平新时代中国特色社会主义思想的三重逻辑论析》，《求实》2018 年第 3 期。

②　熊晓林、王丹：《五大发展理念与中国特色社会主义》，《思想理论教育导刊》2016 年第 1 期。

③　熊若愚：《担当起新时代中国共产党的历史使命》，《党建研究》2017 年第 12 期。

根本宗旨，任何时候都要把人民利益放在第一位，始终依靠人民推动历史前进。习近平总书记指出，"人民对美好生活的向往，就是我们的奋斗目标。"[1] 因此，我国加快推进生态文明建设，转变发展方式，优化发展结构，激发发展动能，着力解决损害人民群众生态、健康和发展权益的突出问题，不断满足不同地区、不同行业、不同群体人民的资源、环境、生态、安全和健康需求，促进、保障人们全面而自由的发展创造优美环境，这正是党和政府对人民群众美好生活期盼的现实响应。

三、生态文明建设是实现社会和谐稳定的内在要求

近年来，随着我国经济社会的不断发展和社会主义法治建设的不断深化，人民群众的生态文明意识明显提高，各种生态文明服务组织在社会上展开了大量旨在保护生态环境、维护人们环境权益的环保活动，对于提升群众生态文明意识、改善环境保护行为、促进环境利益合法化等方面发挥了重要作用。然而，我国已经进入全面深化改革的攻坚期、深水区。在经济新常态下，我国一些地区、一些行业长期以来在自然资源开发利用、生态环境保护、国土空间开发等领域所积累的不平衡、不协调和不可持续性等问题不断深刻化、复杂化，加剧了我国经济体制改革和社会管理的风险。重大环境污染事件、大规模"邻避运动"、领导干部在生态环境领域的渎职失责等因素逐渐上升为影响社会和谐稳定的重要因素，这些问题严重破坏了我国社会主义安定团结的发展大局。解决这些问题的根本出路在于继续坚持资源节约

---

① 习近平：《习近平谈治国理政》，外文出版社 2016 年版，第 4 页。

和环境保护的基本国策，严格落实"四个全面"的战略布局，既立足当前，重点解决群众反映强烈、对经济社会可持续发展制约突出的问题，又面向长远，加强制度设计鼓励基层探索，探索发掘"绿色、循环、低碳"发展的科学模式和实施路径，强化生态文明作为全社会共有的价值追求在防范和化解社会矛盾时所具有的引领作用。

第三节　生态文明发展区域不均衡已是
影响发展全局的突出问题

中国特色社会主义进入新时代，我国社会主要矛盾已经转化为人民日益增长的美好生活需要和不平衡不充分的发展之间的矛盾。[①] 改革开放以来，我国生产力水平总体上显著提高，以制造业、基础设施建设、高速铁路等为代表的社会生产能力在很多方面进入世界前列，"新四大发明"正深刻影响着地球村，吸引世界目光。社会生产力快速发展使得人民生活水平也显著提高，对美好生活的向往更加强烈。[②] "这不仅对物质文化生活提出了更高要求，而且在公平、正义、环境、安全、健康、法治等方面的需要也日益增长"。[③] 然而，尽管自改革开放以来我国不断出台实施一系列区域平衡发展战略，试图通过不懈努力以缩小区域差距。但是，受到历史文化、自然地理、生产方式、技术创新和发展政策等因素的制约，我国区域发展不平衡、不协调、不

[①] 习近平：《决胜全面建成小康社会　夺取新时代中国特色社会主义伟大胜利——在中国共产党第十九次全国代表大会上的报告》，人民出版社 2017 年版，第 11 页。

[②] 于忠玄：《论"美好生活"的背景、基础及意义》，《兵团党校学报》2018 年第 1 期。

[③] 习近平：《决胜全面建成小康社会　夺取新时代中国特色社会主义伟大胜利——在中国共产党第十九次全国代表大会上的报告》，人民出版社 2017 年版，第 11 页。

可持续的问题依然突出。[①] 这些问题交织贯穿于生态文明建设中资源开发、环境保护和空间协调等关键任务的实现过程中，影响了人们生活的幸福感、获得感与满足感，限制了人们对美好生活需要的满足，制约着生态文明建设成效的全面提高。

一、支撑生态文明建设的自然资源及其开发利用区域分化明显

工业革命的爆发及由此开启的人类社会漫长的工业化进程，使得社会化的生产过程对自然资源的依赖日益突出，自然资源对经济社会发展和人类文明进步的约束已经渗透到了社会生产和人们生活的各个环节中。"自然界一方面在这样的意义上给劳动提供生活资料，即没有劳动加工的对象，劳动就不能存在，另一方面，也在更狭隘的意义上提供生活资料，即维持工人本身的肉体生存的手段。"[②] 可见自然资源在人类文明发展历程中的基础性、战略性地位。

我国幅员辽阔，受到自然地理条件的制约，能源、矿产、水、森林、草原等自然资源的空间分布不均。在经济、社会与技术等多种因素的作用下，我国自然资源分布、人口分布和区域经济布局出现分化。能源是引起生态环境恶化的重要源头。[③] 近二十年来，我国能源消费主要集中在东部和中部个别经济发达省区（见图0—1）。其中，华北、华东、东北及中南地区沿海省市（河北、山西、辽宁、江苏、浙江、山东、河南、广东、四川、湖北等）的能源消费量占全国能源

---

① 胡锦涛：《坚定不移沿着中国特色社会主义道路前进　为全面建成小康社会而奋斗——在中国共产党第十八次全国代表大会上的报告》，人民出版社2012年版，第5页。
② 《马克思恩格斯选集》第1卷，人民出版社2012年版，第52页。
③ 戴彦德、冯超：《建设生态文明必须重塑能源生产和消费体系》，《中国能源》2015年第11期。

消费总量接近60%，而一些欠发达地区（江西、吉林、广西、海南、贵州、云南、陕西、甘肃、青海、宁夏等），在能源消费总量及其增长速率上都保持较低水平。能源消费的区域分化既是我国经济发展不平衡的缩影，又是我国生态文明基本生产要素配置与利用区域差异的重要体现。

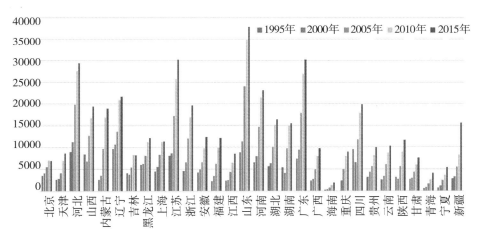

图0—1　我国各省、区、市能源消耗总量分布（单位：万吨标准煤）
资料来源：国家统计局：1996—2016历年中国能源统计年鉴。

从地域性的资源开发利用总体情况来看，我国东部地区资源本底不足，"水资源、土地资源、劳动力资源均相对不足，能源自给率低，但资源利用效率相对较高；中部地区土地资源、森林资源、矿产资源相对富裕、能源自给率较高，但资源能源利用效率低"①。"西部地区水资源、土地资源、森林资源、能源本底优势明显，但资源利用效率

---

①　李悦：《基于我国资源环境问题区域差异的生态文明评价指标体系研究》，博士学位论文，中国地质大学（武汉），2015年。

低，资源能源、生态环境破坏现象严重。"[①] 我国自然资源配置中，在总量和效率上所形成的自东向西的梯度分布态势，成为我国生态文明发展区域不平衡格局形成的重要因素。资源要素开发利用的不平衡及其加剧的趋势，势必成为对其发展限制及其障碍的复合体。自然资源投入总量和利用率的区域差异扩大造成了全国经济系统的效率损失，阻碍了区域之间形成相互促进的经济、资源、环境协调关系，同时也损害了区域公平。[②]

二、体现生态文明成效的环境质量与生态活力区域差异突出

自然环境是人类生存和发展所依赖的物质基础。"整个自然世界——首先作为人的直接的生活资料，其次作为人的生命活动的对象（材料）和工具——变成人的无机的身体"，[③] 良好的生态环境，如绿水青山、清新空气和蓝天白云是人类永续发展的基本条件。然而，在粗放型发展方式的驱使下，改革开放以来，随着工业化、城镇化的快速发展及由此导致的大量自然资源的消耗，我国面临的环境问题日益突出，并且表现出了显著的区域差异。

一方面，在我国的平原、沿海等经济发达地区，环境问题主要体现为大气、水域、土壤等环境要素的污染及其导致的公众健康等社会福祉的变化，但这类问题经过各级政府的不断治理已有所缓解。而在西部等欠发达地区，环境问题突出体现为由环境破坏引起的森林、草原、植被、水体、土壤等环境资源生态损害的加剧，这类问

---

① 成金华等：《我国工业化与生态文明建设研究》，人民出版社 2017 年版，第 23 页。
② 覃成林、姜文仙：《区域协调发展：内涵、动因与机制体系》，《开发研究》2011 年第 1 期。
③ 《马克思恩格斯选集》第 1 卷，人民出版社 2012 年版，第 55 页。

题往往与区域发展的贫困问题交织且同步深化，形成恶性循环的趋势。[①]

　　另一方面，尽管近年来我国各地区开始重视环境问题对于经济社会持续健康发展所具有的重要性，并开始着手治理社会影响突出、人民群众反响强烈的各类生态环境问题，从中央到地方日益完善了环境管理的体制机制和污染治理政策，但是已有的研究显示，从环境质量（重点考察地表水体质量、环境空气质量、土地质量指标）来看，西藏、贵州、海南、云南、湖南、广西等西部、中部省区相对靠前，而广东、上海、北京、辽宁、江苏等东部发达地区环境质量排序均相对靠后，而天津、河北、山东等东部地区排名处于最后三位；从生态活力（重点考察森林覆盖率、森林质量、建成区绿化覆盖率、自然保护

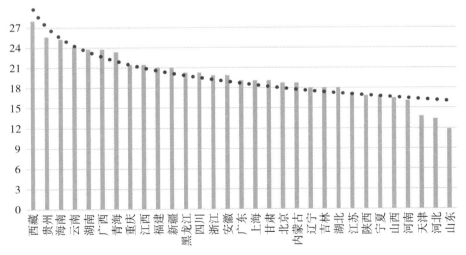

图 0—2　各省区市环境质量分值分布（2012 年）

　　① 成金华、冯银：《我国环境问题区域差异的生态文明评价指标体系设计》，《新疆师范大学学报》（哲学社会科学版）2014 年第 1 期。

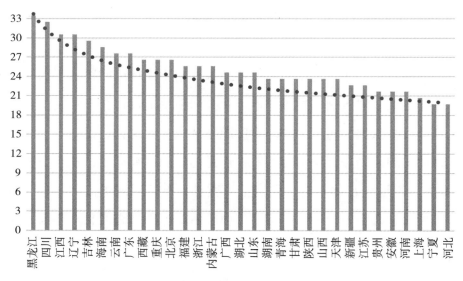

图 0—3　各省区市生态活力分值分布（2012 年）

资料来源：严耕：《中国省域生态文明建设评价报告 ECI2014》，社会科学文献出版社 2014 年版，第 12—13 页。

区的有效保护、湿地面积占国土面积比重指标）来看，黑龙江的生态活力全国最高，其后依次是四川、辽宁、江西、吉林等省份，安徽、河南、上海、宁夏、河北等五个省份生态活力排名靠后。[①] 可见，我国从东到西、从发达地区到欠发达地区，环境质量和生态活力存在着较大的区域差异。

三、承载生态文明建设的国土空间开发格局区域失衡严重

国土是生态文明建设的空间载体，是人们生存、发展和安居乐业的家园。在社会主义现代化建设过程中，我国高度重视国土空间开发，

---

① 严耕：《中国省域生态文明建设评价报告 ECI2014》，社会科学文献出版社 2014 年版，第 12—13 页。

在广袤的地理空间内探索建立满足生产力发展要求的经济结构和生产模式，已经形成了"三核多极、三轴四区"为主体的多核、多轴、片区型 ① 的具有自身特色的国土空间分布格局。在本质上，国土空间开发过程就是人们在特定时期立足于经济发展条件而探索相应的空间组织形式，并通过规划、生产和建设实践，获得满足人们生存、发展物质资料需求的过程。我国人多地少、资源分布和经济发展不均衡这一长期以来我国面临的基本国情决定了国土空间开发的复杂性。当前，我国国土空间开发利用依旧存在如下的突出问题：

一是经济差距扩大导致国土空间开发强度不均。改革开放四十多年以来，我国各地区虽然都获得了持续快速的经济增长，但是自 20 世纪 90 年代以来，区域经济发展差距并未得到有效控制且呈现持续扩大的趋势。② 我国区域经济的差异化格局表现为"三大阶梯、三大高地、三驾马车、三大病灶"。③ 当前，受资源环境禀赋约束、自然条件演变规律及区域经济发展阶段的制约，长三角、珠三角、京津冀等东部工业发达地区国土空间开发强度已经接近 25%，而在新疆、甘肃、青海等资源禀赋和环境容量条件较好且工业化程度较低的地区，国土空间开发却相对不足而具有较大的开发潜力。从经济地理条件的区位分布上看，我国东部地区产业集聚而资源自给程度较低，支撑经济社会发展的水、矿产、能源等自然资源优势却集中在中西部地区。资源分布与经济布局错位导致了大规模人口流动及"西气东输""南

---

① 肖金成、欧阳慧：《优化国土空间开发格局研究》，《经济学动态》2012 年第 5 期。

② 刘夏明等：《收敛还是发散？——中国区域经济发展争论的文献综述经济研究》，《经济研究》2004 年第 7 期。

③ 胡鞍钢：《地区与发展：西部开发新战略》，中国计划出版社 2001 年版，第 5 页。

水北调""北煤南运"等资源能源的长距离调运，在降低空间组织运行效率的同时增加了经济社会发展的交易成本和生态环境风险。

二是经济结构趋同导致国土空间开发质量失衡。在既定的区域空间内实现生产要素的优化配置，提高经济活动的质量和效率，促进经济、社会、环境与人口发展和谐统一是国土空间开发追求的目标。然而，当前我国不同地区之间产业结构低质同构现象突出，部分地区煤炭、钢铁、电力、水泥等资源依赖型行业等产能过剩，区域协作不强而导致了生产资料的严重浪费。随着经济新常态的到来，我国东部地区积极进行产业结构的优化升级，产业发展质量不断提高，而中西部地区产业发展总体上仍处于数量增长和规模扩张阶段，在核心竞争力和市场收益上与东部地区同类行业存在较大差距，影响了国家经济社会发展质量的提高。

三是城镇体量扩张导致国土空间开发功能受限。城镇化是区域发展的重要引擎。1978 年至 2016 年，我国城镇化水平由 17.9% 提高到57.35%。但是我国许多地区的城镇化是依赖"土地城镇化"的低成本扩张而非"人口城镇化"得以实现的。这种城镇化过程的结果就是大城市综合竞争力不强以及中小城市和小城镇发展不足。"摊大饼式"的城市空间扩张使得支撑城市发展的生产空间受到挤压。在东中部地区，水土条件较好而开展的高强度的城乡建设，使得优质耕地和基本农田日益减少；在西部地区，受地形、地质灾害和生态脆弱等因素的影响，城镇化过程使得有限的生态空间更加有限。生产、生态空间挤占弱化了城市的生态修复和环境自净能力，增强了生态文明建设的空间制约。

第四节　现有研究述评

区域单元是生态文明发展的空间承载。生态文明建设植根于区域发展过程之中，生态文明与区域发展的融合是生态文明兴起的基石。由此，梳理 2012 年党的十八大召开以来的研究可以发现，随着我国区域发展战略的调整与党和政府对生态文明建设的重视，伴随着区域发展中资源环境问题的日益凸显，越来越多的研究将生态文明纳入区域研究视域之中，形成了一系列有关区域生态文明建设的系列理论成果，为新时期我国如何更好地坚持和发展中国特色社会主义现代化道路提供了智力支持。该领域的研究主要集中在如下方面：

一、区域生态文明建设理念研究

生态文明是人类自觉遵循自然、社会和经济规律，在改造客观物质世界的过程中，通过采取生态化的生产方式和生活方式，改善和优化人与自然、人与人关系所取得的物质、精神、制度成果的总和（赵凌云，2014）。显然，作为一种后工业文明形态，生态文明建立在特定的物质生产基础上。因此在我国，不同地域的自然条件、人口分布、资源配置不均衡，各地工业化城市化程度、产业特色、环境承载力不均衡，国土空间的复杂性和地方发展的差异性，决定了不同区域生态文明建设的内容、方法、进程、模式必须有所不同（任春晓，2013）。这种因地制宜建设生态文明的理念，本质上要求各地区根据不同区域的自然环境、社会经济状况调整生产方式、转变经济增长方式、形成合理的低碳产业结构，并立足于不同地区不同工业化发展阶段（李力，2014）探索区域生态文明的发展路径。

　　区域差异明显的现实国情决定了生态文明建设国家战略必须进行空间分工和区域落实，这既是我国生态系统多元复杂性的客观要求和我国经济社会发展空间差异的客观要求，也是我国生态文明发展战略实现的客观要求（邓玲，2014）。因此，区域经济的发展必须建立在生态系统的资源系统的支撑能力与生态环境容量之上，生态文明建设与区域发展存在源于产业、消费、资源、环境、科技、制度等子系统的相互影响机理（沈满洪等，2012）。这种与时俱进的区域生态文明发展理念，体现了马克思主义坚持一切从实际出发、理论联系实际、实事求是、在实践中检验真理和发展真理的理论品质，也对生态文明建设中诸如经济发展方式转变、消费模式优化、生态意识普及等重点难点问题提出了重要挑战，这需要学术研究通过大量实地调研，寻找其中的关键问题，以加强生态文明建设政策研究中的针对性、规范性、科学性和有效性（陈军、成金华，2012）。

　　在此背景下，一些研究将生态文明理念融入区域发展实践之中，展开了浙江、福建、山东、四川、北京及全国省域（胡书芳、苏平贵，2017；郑翀等，2017；程钰等，2015；广佳，2014；蔺雪春，2012；陆小成，2016；黄勤、杨小荔，2012），洞庭湖区、广西北部湾经济区、长江中游城市群、汉江流域等流域（黄渊基，2016；安翠娟等，2015；白永亮等，2014;王淑新等，2015），西部民族地区（王永莉，2017；刘萍萍等，2014；马继民，2015；许芬等，2014），渤海、山东半岛等海洋保护区、矿产资源开发区等主体功能区（王立和，2015；刘兰等，2013；王莉，2014；王书明、张曦兮，2014）生态文明建设的经验研究，不断加强、深化了因时因地制宜建设生态文明的理念。

二、区域生态文明建设评价研究

科学评价生态文明建设水平，并通过甄别评价其结果所呈现的关键制约和突出问题，是推进生态文明建设的逻辑起点。然而，基于生态文明涉及资源、环境、经济、社会、科技、文化等一系列重要因素的现实情况，生态文明建设行动也因此呈现系统性、多维性、动态性和复杂性特征。显然，生态文明评价需要确定诸多反映生态文明本质的评价维度并选择具有不同目标导向、体现控制约束、推动制度建设（成金华，2013）的指标体系，才能从整体上反映生态文明评价研究的全貌。从现有的研究来看，党的十八大之前，鉴于人们对生态文明概念本质或理论体系认识的分歧，一些关于生态文明建设的评价研究存在两个特点：一是虽然构建了评价指标体系，但是指标权重的确定大多采用主观赋值的方法，而并未考虑数据自身的特征；二是强调从单独某一省份或几个地区、某一时点作为观察对象进行评价与判断，缺少对全国较长时期生态文明发展状态的全面测度与比较（成金华、陈军等，2013）。

为了更好地反映我国生态文明建设和发展的全貌，越来越多的指标性被用于测度、衡量、评价和比较不同省域、不同城市、不同地带乃至全国层面生态文明时序动态的生态文明建设水平。近年来，这类评价研究日益增加。当然，在这类研究中，有的处于出于原则导向的考虑，仅仅通过经验分析或文献分析手段，展示出特定空间范围内生态文明评价指标体系的构成体系（杨斌等，2015；成金华等，2013；杨志华，2016），有的采用现代综合评价方法，按照规范的指标体系设计和数据计算分析相结合的思路，展开了面向不同对象的生态文明建设水平评价研究，如城市和城市群生态文明建设评价（马勇、黄智洵，2016；秦昌才、韦洁成，2018）、省域生态文明建设评价（陈佳等，2016；崔春生，2017；宓泽锋等，2016；吴慧玲等，2016；赵先贵等，2016；周金明、朱晓临，2017）、企业生态文明建设评价（宁芳、王磊，2015；李明蔚等，2016；秦捷、周博文，2017）等等。这些研究尽管其各自的评价维度和指标选择不尽相同，评价结果不尽一致，但是，为帮助人们理解不同地区或研究对象的生态文明发展变动趋势，地区之间的生态文明建设差距，观察和把握中国生态文明建设问题提供了开放的视角。

三、区域生态文明建设路径研究

我国正处于承前启后、继往开来、在新的历史条件下继续夺取中国特色社会主义伟大胜利的时代，正处于全面建成小康社会进而全面建成社会主义现代化强国的时代。历史和现实的经验证明，无论是全面小康还是社会主义现代化强国，生态文明理应成为其中的应有之义，全面建成生态小康社会将是我国日益走近世界舞台的中央、不断为人类社会作出更大贡献的伟大壮举。要通过生态文明建设的理念创新、生态文明体制机制创新、牢固树立社会主义生态文明观和加强生态文化建设以及生态技术选择等多种路径循序渐进地推进（方世南，2017），这也是我国区域生态文明建设路径选择的基本方向。要更好地坚持这个方向，我们必须从生态文明建设所包含的经济发展（莫文希，2017）、教育方式（孙正林，2014）、技术范式（郝栋，2017）、制度设计（张春华，2013；赵家荣、孙少军，2017）、政府治理（翟坤周，2016；胡其图，2015；任丙强，2016）等方面坚持不懈加以路径规划和实践推进。

　　当然，随着实践的深化，现有诸多研究瞄准不同类型的区域在生态文明建设的实际，对如何选择符合时代发展需求的区域生态文明建设路径安排进行了讨论和分析，为我国区域生态文明建设提供了可以参考借鉴的经验启示。卢福财、徐远彬（2017）通过构建以经济增长为目标、资源消耗和污染物排放为约束条件的工业结构优化模型，对欠发达省域工业发展路径进行分析，提出了加大研发投入、优化资源配置、加大对战略性新兴产业扶持力度以及加快推进环保产业化政策等建议。程松涛（2017）运用马克思的物质生产论、矛盾统一论、环境危机论分析生态保护与经济增长两者之间的协同发展关系，提出了民族地区生态保护与经济增长的协同发展路径。吴传清、黄磊（2017）通过揭示长江经济带水生态环境恶化趋势严重、产业结构重化工化、协同发展机制不健全、沿江港口岸线开发无序、法律法规制度体系不完善、绿色政绩考评体系乏力等难题，阐述了该地区绿色发展的推进路径等等。

　　与此同时，一些研究还结合区域生态文明建设的产业结构优化升级、新型城镇化进程、生态文明先行实验区建设、主体功能区建设、资源型城市转型等一系列关键问题展开了理论分析或经验研究，为不同区域如何更好地抓住和破解生态文明建设主要矛盾、寻求科学发展路径提供了思想启示。孙利娟（2016）将生态文明纳入产业升级模型，构建了产业升级最优路径模型，利用上海市1995—2013年的数据计算了三次产业各自的最优增长率并与实际增长率进行对比分析，提出上海市应加强生态文明保护以规范第二产业发展，降低融资帮助第三产业发展等政策建议。刘铮（2014）指出了我国一些地区在快速发展的城镇化进程中存在着规模扩张导致的资源浪费和环境损失问题，提出了城镇化进程实现从规模扩张到质量提升的生态文明建设路径。张藏领（2014）、张宜红（2015）分别基于河北省生态文明先行实验区和江西建设国家生态文明先行示范区的实际情况，探索了不同地区、不同条件下这类生态文明建设特殊区域经济与环保统筹发展路径。王立和（2015）按照我国主体功能区分类，对国内生态文明建设典型区域及其实践路径进行了梳理总结和比较，对新时期我国生态文明建设的实践路径进行了探究分析。徐君等（2014）从转型的指导思想、转型目标、参与主体、支撑体系四个层面构建了资源型城市低碳转型的战略框架，并对生态文明视域下的低碳转型路径进行了设计。

四、生态文明区域协同发展研究

　　区域协调发展与生态文明建设都是经济社会发展到一定阶段后对发展问题提出的新要求，这两者相互影响、相互支持，是辩证的有机统一关系。促进区域协调发展，必须以生态文明为基础；建设生态文明，必然要求区域协调发展（张可云，2014）。[①]这两者从根本目标上看，都致力于解决我国不平衡、不充分发展的问题。为了促进区域协调发展和生态文明建设目标的融合，理论研究日益重视区域协调发展视域中的资源、环境、生态要素，并将其作为生态文明时代拓展区域协调发展的重要考量依据，探索区域内部和区域之间实现"创新、协调、绿色、开放、共享"发展的可能路径，这为我国生态文明区域协同发展提供了丰富的理论和实证研究经验依据。从现有研究来看，学界对生态文明区域协同发展的研究主要集中在如下方面：

---

　　① 张可云：《生态文明与区域经济协调发展战略》，北京大学出版社 2014 年版，第 30 页。

一是国土空间开发视阈下的生态文明区域协同发展研究。国土空间是人们依托自然资源、环境及劳动、资本等经济要素展开生产经营活动，形成特定生产力分布形态的地理空间。国土空间开发活动正是人们利用一定的空间组织形式，通过生产建设活动获得生存和发展的物质资料的过程（肖金成、欧阳慧，2015）。[①] 鉴于国土空间之于经济社会发展和人类文明传承所具有的决定性意义，其在生态文明区域协同发展中顺理成章地引起了学界的高度重视。孙久文、年猛（2011）指出，随着我国区域发展总体战略的深入实施，国土开发开始呈现"集中均衡式"空间开发战略，经济活动在国土空间上的"大分散、小聚集"将成为一种新的格局。面对我国国土空间开发存在的工业分散发展、行政区经济影响要素合理流动、人口与经济的空间分布不匹配、区域内部产业分工体系尚未形成、社会经济与自然环境的适应关系趋于恶化等一些影响经济社会可持续发展的突出问题，肖金成、欧阳慧（2012）提出了集中发展多极化协同集聚、集约发展高效利用国土空间、产业集中和人口集中相同步、不同区域采用不同的开发模式、"点、线、面耦合"构建"城市群—发展轴—经济区"区域空间体系的国土空间开发思路。这些思路服务于构建一个国土空间开发格局，即能促进要素充分流动和优化配置、空间中人的发展机会和福利水平相对公平、生态环境可持续发展，形成经济、社会、环境发展与人的发展相协调的空间格局（肖金成、刘保奎，2013）。

然而，国土空间开发格局通常受资源本底、政策环境、发展阶段等因素影响，并且通过路径依赖、集聚与知识溢出、外部性、政

---

① 肖金成、欧阳慧：《优化国土空间开发格局研究》，中国计划出版社2015年版，第3页。

策和制度机制共同发挥作用，由此便具有了系统性、复杂性。因此，要加强国土空间的优化布局，必须将实施主体功能区战略、形成主体功能区布局作为优化空间格局的战略重点（樊杰，2013），在具体实施过程中，要坚持效率、公平和一体化的目标（赵作权，2013），以土地的生态过程和格局为依据，应优先进行生态红线即生态安全格局的控制（吴平，2016），以生态承载力为重要依据，划定生态红线，构建自然生态安全格局，完善重点开发区的重点行业产业布局（高吉喜、陈圣宾，2014），走以大城市（群）为主的城市化道路，完善大中小城市协调发展政策，提高国土资源配置效率（蔡继明，2015）。

二是产业结构优化视域下的生态文明区域协同发展研究。从区域均衡发展的角度看，无论是增长极点与周边落后区域之间的非协调状况，还是空间结构与功能结构之间的非协调状况（周密，2009），这都与区域经济结构存在紧密关联。因此，面对着我国第二产业一枝独秀、资源与环境不堪重负的局面（柯善咨、赵曜，2014），调整经济结构，特别是控制产业污染迅速蔓延、推动区域生态环境质量改善，已经成为我国结构转型和生态文明进程中面临的迫切问题（孙华平等，2016）。区域经济现象植根于区域间的相互影响之中。近年来，学术界纷纷从产业结构优化层面来阐释其对生态文明区域协同发展的机理与作用。周柯等（2013）认为，随着东部发达地区产业结构升级和技术进步，环境保护要求越来越高，高能耗、高污染企业在东部难以生存，但市场对产品的需求并未削弱，高能耗、高污染企业便由东部向欠发达的中西部地区转移，形成了工业污染的"西移"。产业梯度转移的过程也就不可避免地形成环境污染转移的过程，这就造成了中、西部在原本粗放模式的基础上，产业生态化程度更低，从而造成生态文明水平进一步下降，并可能引致东西部经济社会发展差距继续扩大。当然，也有学者指出，我国省区生态文明存在显著为正的空间外溢效应和时间滞后效应。产业结构合理化和高度化既能提高本省区也能提高其他省区的生态文明水平，存在本地和外部的双重正面效应（韩永辉等，2015；陈军，成金华，2015）。这就要求加强跨省区的生态文明建设合作，实行生态文明区域协同发展的政策。

因此，在我国实现区域协调发展、建设生态文明的背景下，必须根据不同区域的自然环境、社会经济状况调整生产方式、转变经济增长方式、形成合理的产业结构（李力，2014），并依据产业生态化的要求，树立起绿色发展理念，提升绿色技术含量，严格控制和减少污染的区域转移（沈满洪等，2012）。①区域发展政策的制定要统筹考虑各地区引起生态文明建设成效变动经济结构及制度因素，形成因地制宜因时而异的生态文明区域发展策略，鼓励各地区加强区域合作，构建全国生态文明区域协同发展的体系和渠道（成金华等，2013）。东、中、西部各地区要把握当地在资源开发利用、生态环境保护、社会经济发展等方面具有的特征和优势，加强区域协作，增进优势互补，构建有利于地方优势的资源节约和环境友好的生产体系，互助共进建立起适合生态文明需要的资源环境技术经济创新系统（陈军、成金华，2015）。

三是城市群建设视域下的生态文明区域协同发展研究。区域协调发展以区际联系为基础，是兼顾"效率"与"公平"的发展模式（张

---

① 沈满洪等：《生态文明建设与区域经济协调发展战略研究》，科学出版社 2012 年版，第 119 页。

可云等，2012）。随着我国区域发展战略的不断深化，学界对如何将生态文明理念融入区域发展进程的问题展开了探索。这些研究总体上坚持了两条主线：一是将资源、环境、生态等要素纳入区域协调发展视野之内，并根据我国区域可持续发展的现实需要和理论创新进展，构建协同发展的评价体系，并基于评价结果对以城市群或特定经济区域（流域）生态文明区域协同发展问题进行问题诊断和理论阐释，进而提出针对性对策建议。例如，贾品荣（2017）从经济、资源、环境和绩效的角度构建了区域低碳协同发展评价指标体系，利用京津冀、长三角、珠三角等三个城市群 50 座城市数据实证分析了三大城市群的低碳协同发展程度。研究显示，三大城市群低碳协同发展程度整体上呈现上升趋势，其低碳协同程度从高到低依次为长三角、珠三角和京津冀城市群。祝尔娟、何皛彦（2016）构建了由发展指数、协同指数、生态文明指数、人口发展指数、企业发展指数等五大指数构成的指标体系，并运用这一指标体系对京津冀协同发展状况进行测度和分析，研究认为，从协同指数看，北京外溢效应显著，三地互动活跃并向产业轴发展带集聚，产业协同和转型升级步伐加快。史丹、马丽梅（2017）利用京津冀地区北京、天津及河北 11 个城市的数据，基于环境规制视角，对京津冀协同发展的空间演进特征进行研究。空间相关性分析发现，京津冀地区环境规制直至 2010 年才呈现显著的空间正相关，协同性才开始显现。何剑、王欣爱（2017）通过分析长江经济绿色效率带时空分布，将其周边的 11 个省市划分为 4 个联盟，并对产业合作博弈过程中产业利益帕累托改进及其合作边界进行了界定，并根据不同产业协作联盟，从空间合作策略、政策机制等方面提出了对策建议。

另一条主线则是对一些具有特定经济地域关联的经济区域（流域）生态文明区域协同发展的案例与经验展开解析，在经验研究中探寻发挥区域共同体生态文明建设规模效应、积聚效应和辐射效应的路线和方式。吴丹、吴凤平（2011）基于大凌河流域各区域及其用水部门或行业的水权初始配置方案，从社会、经济以及生态环境角度，构建了区域协同发展效度评价指标体系来综合度量评价流域各区域之间的协同有序发展效度，剖析区域之间的协同有序发展态势，诊断流域各区域及其用水行业的水权初始配置方案的合理性。崔松虎、杨明娜（2015）以治理结构、排污行为、治理绩效作为切入点，对京津冀环境污染治理现状进行了深入的剖析，并从三地协同的视角提出了加速提升环境污染治理效应的对策。杨开忠（2016）指出，实现京津冀协同发展，要在坚持北京的核心地位、发挥京津双城主要引擎作用的同时，把握促进河北绿色崛起对京津冀协同发展的关键支撑，加快河北省绿色崛起。魏后凯（2016）认为，与珠三角和长三角地区相比，京津冀地区发展严重不平衡。加快推进京津冀尤其是京津与河北的协同发展，亟须推动形成多中心网络型空间结构、积极有序疏解北京的非首都功能、优化生产生活和生态空间格局。毛汉英（2017）认为，京津冀协同发展必须正确处理好公平与效率的关系、人与自然的关系，并基于长远和全局视角，提出了区域产业协同发展、区域要素市场一体化、区域协同创新、区域公共服务共建共享和区域横向生态补偿机制与政策探讨了京津冀协同发展的机制创新问题。可见，城市群协同发展是一个博弈、协同、突变、再博弈、再协同、再突变的非线性螺旋式上升过程，每一次博弈—协同—突变的过程，都将城市群的协同发展推向更高级协同阶段，并呈现出阶段性规律（方创琳，2017）。

五、现有研究的不足

随着我国经济社会发展理念、发展方式的转变，特别是随着区域发展的实践创新和生态文明建设进程的深入，学术界对区域生态文明建设的理论与实践问题日益关注，并在区域生态文明建设理念、区域生态文明水平评价、区域生态文明建设路径等领域展开了大量研究，形成了丰富的研究内容和富有价值的研究结论，为我国各地区贯彻新发展理念、建设人与自然和谐共生的现代化提供了必要的智力支持。然而，也可以发现，我国在协调、均衡发展视域中探讨区域生态文明协同发展问题的文献相对较少，虽然大量关于生态补偿机制的研究反映了生态文明区域协同发展的意蕴和内涵，但是这仅仅只是生态文明区域协同发展中"责任分担、利益共享"机制中的组成部分，还未能全面体现生态文明区域协同发展的本质和要求。具体而言，对于生态文明区域协同发展的研究，还存在如下有待深化的方面：

一是缺乏系统的理论研究架构。现有研究尽管已经开始从国土空间开发格局、产业结构优化升级、城市群和经济带建设等视域关注区域空间协调、资源节约、环境保护等与生态文明建设密切相关的问题，但是对生态文明区域协同发展的理论基础、现状评价、影响机理、机制构建和支撑体系等方面还缺少系统性研究，一个较为完善的生态文明区域协同发展的理论分析框架尚未建立完整。

二是研究视角有待向全局性拓展。一些研究从资源、环境、经济、社会等子系统构建生态文明区域协同发展的评价分析工具，进而对京津冀、珠三角、长三角或长江经济带等局部区域内展开研究，而缺乏对全国区域层面以及不同空间尺度内区域层面生态文明协同发展的效度测定、问题识别和比较分析，弱化了人们对我国生态文明区域协同发展整体性效果和分异规律的总体认识。与此同时，部分研究局限于某一时点的静态分析，而缺乏较长观测周期内生态文明区域协同发展的动态研究，因而难以从时间跨度上揭示我国生态文明区域协同发展的阶段性特征和动态演化规律。

三是在研究方法上有待进一步丰富。现有关于生态文明区域协同发展的研究主要集中于定性分析之上，只有少量研究对生态文明区域协同问题进行了测度分析，对不同空间尺度生态文明区域协同发展的演变趋势和阶段性特征、影响因素及作用机理等问题展开的定量研究还相对薄弱。与此同时，在生态文明区域协同发展评价中所采用的实证研究方法侧重于采用回归分析、数据包络分析、协同度模型等传统方法，而基于对"协同"内涵深层挖掘的研究手段如空间计量分析、社会网络分析、动态面板数据分析等前沿研究方法的运用有待进一步丰富。

四是研究结论系统性针对性有待增强。已有研究通常采用一般范式的分析理路，得出的是如何促进生态文明区域协同发展的研究结论和政策建议，或对全国总体层面具有抽象性的认识而针对性相对缺乏，或是面向局部的具体问题的生态文明区域协同发展的观点和政策导向缺乏统领性。同时，对我国生态文明区域协同发展动力机制及支撑体系的研究还较为薄弱，对策思考和政策启示与现实问题融合不足，自然也弱化了研究结论的可操作性。

第五节　本书的内容与价值

本书以习近平新时代中国特色社会主义思想为指导，以提高生态文明发展水平为导向，以区域协同发展的内在现实性为基点，通过深入把握我国生态文明区域发展空间格局演变和空间效应形成规律，重点挖掘生态文明与区域发展支持条件之间协同作用的综合体系、机制及其基本规律，通过选取重点经济区域作为观测考察对象，从实证与规范分析角度探究促进中国生态文明区域协同发展的政策，以此寻求加速推进生态文明建设的对策。

一、主要内容

本书的主要内容主要包括五个部分：

第一，生态文明区域协同发展内涵解析与现实意义阐释。结合生态文明建设的目标追求，从生态价值区域转移的关系状态、区域绿色发展权力的系统协调、跨区域的制度整合等三个层面阐发了生态文明区域协同发展的内涵。在此基础上，通过揭示我国生态文明区域协同发展面临的主要难题，结合当前我国社会主要矛盾的变化，指出了实现生态文明区域协同发展的目标指向，阐释了我国实现生态文明区域协同发展的时代意义。

第二，基于生态创新视角对我国区域生态文明发展水平测度分析。构建了生态创新指数测算指标体系，对我国区域生态创新水平进行了测度，描绘了我国生态创新水平的空间分布状态。运用面板数据分析方法，解析了我国区域生态创新水平的影响因素及其发生机制，形成了对我国区域生态创新和生态文明发展基本规律的认识。

第三，生态文明区域协同发展的影响因素及作用机理阐释。探析生态文明区域发展水平的空间分布特征、解析生态文明区域协同发展的空间网络结构和空间关联格局，并基于市场开放程度、空间组织秩序、区域合作力度、收益分配格局、政府管理强度等五个维度，构建生态文明区域协同发展影响因素的空间计量模型，揭示我国生态文明区域协同发展的影响因素和形成机理。

第四，生态文明区域协同发展的系统构成与驱动机制分析。在分析生态文明区域协同发展系统构成的基础上，阐发了驱动我国生态文明区域协同发展的市场机制、空间组织机制、合作互助机制、援助扶持机制和复合治理机制及其运行条件，为如何更好地寻求实现生态文明区域协调发展的途径与方法提供了依据。

第五，促进我国生态文明区域协同发展的政策思考。着眼于激励与约束相容、区际与区内互通、区域与产业联动等三个维度，阐明了促进生态文明区域协同发展的政策取向，提出了促进我国生态文明区域协同发展的总体思路和对策思考。

二、研究方法

（一）文献研究

总结国内外生态文明与跨区域生态环境保护及生态建设的理论成果，从西方政治经济、马克思主义政治经济学、制度经济学、资源环境经济学、产权制度理论、复杂系统理论、协同学理论和自组织演化等理论寻求本书研究的理论依据和出发点，挖掘出本书研究的科学价值，提出符合当代中国国情的生态文明区域协同发展的理论。

（二）专家访谈

以研讨会、座谈会等多种形式，听取国内外资源环境保护、生态建设及区域经济发展等各行各业的专家学者就生态文明建设与区域协同发展等问题所发表的广泛意见，并进一步丰富本书研究认识和理论总结的内涵。

（三）实证研究

采用空间经济分析、计量经济分析模型与方法，对我国区域之间生态文明协同发展的效度水平、实践需求和动力机制及其作用规律等展开实证分析，为寻求符合地域发展实际的生态文明区域协同发展政策提供参考依据。

三、研究创新

第一，立足于社会主义基本经济制度而展开的生产力与生产关系、经济基础和上层建筑关系的调整和变革的历史唯物主义逻辑，从自然资源属性、权力边界和制度供给三个层面构建了生态文明形成的分析框架，分析了生态文明内部的属性、权力和制度协调的机理，即通过合理的制度约束使自然资源的商品属性、生态属性和公共产品属性有机统一，科学有效地界定地方政府在自然资源开发利用和经济、社会建设中的权力边界，以优化经济管理、政府管理和社会治理方式。

第二，从自然资源输入输出、价值转移和权力让渡三个角度，建立了区域生态文明协同发展分析框架，深刻揭示了自然资源流动与转移过程带来的生态、权力和制度在空间上不平衡的形成机理，提出了生态文明区域协同发展的路径，即以自然资源协调、权力协调、制度协调为导向，在不同区域之间形成自然资源商品、生态和公共产品属性三者的有机统一，以及基于自然资源三属性形成的经济、社会和政治权力的动态平衡与有机统一，推动以"人民为中心"且权力边界明晰的经济制度、政治制度、社会制度的重构，重塑人与社会、地区与地区之间的生态文明共存秩序。

第三，从生态文明势能角度，采用社会网络分析方法和空间计量模型提取出了我国生态文明区域发展的"六极三带"空间特征，揭示出我国生态文明空间集聚与扩散的演变的动力，即我国生态文明水平的非均衡状态演变过程既来源于生态文明势能区域集聚形成的板块张力之间的摩擦，更来自于不同地区生态文明势能状态跃迁产生的震荡冲击力，从而形成了生态文明水平区域和整体系统发展的原动力。

第四，生态文明区域协同发展具有系统的内在结构，这种结构的实质体现为资源区域流动过程中资源结构、权力结构与制度结构三个维度以及彼此之间的有机融合与协调发展。在分析生态文明区域协同发展系统构成的基础上，从复杂性、开放性、自组织性等三个方面揭示了系统性属性特征，阐发了驱动我国生态文明区域协同发展的市场机制、空间组织机制、合作互助机制、援助扶持机制和复合治理机制及其运行条件，为如何更好地寻求实现生态文明区域协调发展的途径与方法提供了依据。

四、理论与实践意义

本书的理论意义主要表现在如下方面：

首先，本书以促进资源节约、集约利用和生态环境保护、全面提高我国生态文明水平为基本立足点，尝试构建理论分析与实证研究相结合的服务生态文明区域协同发展的分析框架。在该分析框架内，生态文明区域协同发展的内涵与价值、生态文明区域发展水平的测度与分析、生态文明区域协同发展的影响因素与作用机理、生态文明区域协同发展的系统构成与驱动机制、促进生态文明区域协同发展的政策建议等问题都被纳入分析视角。具体的研究过程既关注关键科学问题的内涵和外延，又强调相关重点难点问题的发生机理；既关注基本理论的梳理和阐释，又强调研究方法的运用和拓展。生态文明区域协同发展理论与实证分析框架的构建，对于促进马克思主义中国化、资源环境经济学、空间经济学、经济地理学等相关学科理论的交叉融合具有重要意义。

其次，基于当前我国生态文明建设的主要内容，引入区域生态文明发展指数空间联系变量，侧重考察生态文明发展水平的空间变化及其对生态文明区域协同发展过程的影响。以我国 30 个省、区、市[①]作为空间样本，运用趋势面、引力模型和探索性空间数据分析法，探析生态文明区域发展水平的空间分布特征、解析生态文明区域协同发展的空间网络结构和空间关联格局。并基于市场开放程度、空间组织秩序、区域合作力度、收益分配格局、政府管理强度等五个维度，构建生态文明区域协同发展影响因素的空间计量模型，揭示我国生态文明区域协同发展的影响因素和形成机理。这些关于生态文明区域协同发展空间效应的规律性认识，将为构建生态文明区域协同发展的实现机制、完善生态文明区域协同发展的政策支持提供理论启示。

再次，本书围绕当前我国区域发展不平衡不充分发展的重点难点问题，从生态文明区域联动、共同繁荣的价值取向上，从市场运行、空间组织、利益协调、互助合作、复合治理等层面，探索了促进不同经济地理关联又处于不同发生条件和发展阶段的地区之间，驱动生态文明区域协同发展以化解资源环境约束的动力机制，并探索相关的政

---

① 按照通用的中国区域划分方法，将中国 30 个省区市划分为东部、中部和西部三大区域。东部包括北京、天津、河北、辽宁、上海、江苏、浙江、福建、山东、广东和海南；中部包括山西、吉林、黑龙江、安徽、江西、河南、湖北和湖南；西部包括广西、重庆、四川、贵州、云南、陕西、甘肃、青海、宁夏、新疆和内蒙古。因为西藏、中国香港、中国澳门和中国台湾有关各项指标数据不全，本书在选择观测样本时将未加考虑以上省区。

策支持体系，从系统科学、经济科学和生态科学视角为我国生态文明区域协同发展提供了逻辑思路和学理认识，将为学术界从区域统筹、区域协调等视角展开更多具体的生态文明理论研究提供启示。

本书的现实意义主要集中在如下方面：

一方面，尝试采用构建我国生态文明区域协同发展水平测度与影响因素分析模型，对区域生态文明协同发展的空间格局进行呈现，揭示我国区域经济协同发展水平的动态演化特征和主要矛盾，对生态文明区域协同发展的状况给出区间性判断，并运用空间计量经济分析方法对我国生态文明区域协同发展的影响因素进行实证分析，阐释这些因素对生态文明区域协同发展的影响机理。相关研究成果将为中央和地方政府完善促进生态文明区域协同发展的政策的选择与实施方案提供理论支撑和实证分析的数据支持。

另一方面，基于区域协同发展基本内涵、系统要求和目标选择等相关问题的探讨，在实证分析当前我国不同经济地带、空间范围生态文明区域协同发展现状、影响因素及作用机理的基础上，从市场运行、空间组织、利益协调、互助合作、复合治理等层面探索了促进我国生态文明区域协同发展的驱动机制，提出了保障我国生态文明区域协同发展机制运行的建议，这对进一步探索我国在全面建成小康社会的决胜阶段，各地区如何创新生态文明建设协作互助模式，以应对、回答和破解当前生态文明建设中面临的发展不平衡、不协调和不可持续等方面的现实困境，为提升具有较强经济地理关联的区域改善生态文明建设过程的实效性和针对性提供了创新性决策参考。

第一章　生态文明区域协同发展：
内涵解析与时代意义

　　生态文明嬗变于工业文明，深植于社会主义制度，生态文明与社会主义制度有着天然联系。资本主义制度下，生产资料私有制决定了自然资源为资本家所有，其经营权和所有权一体化，政治权力不能有效遏制资本的逐利性。资本的"效用原则"和"增殖原则"①驱动资本家对自然资源过度开发，由此而产生的负外部性作用于自然系统，导致自然系统功能失稳或失衡，进而造成生态灾难、触发社会系统失序。社会主义制度下，生产资料公有制决定了自然资源为国家所有，经营权和所有权相对分离，政治权力通过自然资源所有权对资本的欲望进行有效约束，因而基于自然资源的商品、生态和公共产品三个属性形成的经济、社会和政治权力能得到平衡和有机统一。生态文明建设需要基于特定的地理空间、生态禀赋、发展阶段、历史文化等诸多要素，因地制宜来选择实现路径。自然资源的商品属性要求其在全社会自由流动和优化配置，作为自然资源的生态属性要求资源开发利用顾及人与自然和谐相处的关系，自然资源的公共产品属性要求政府权力的架构

---

　　①　陈学明：《资本逻辑与生态危机》，《中国社会科学》2012 年第 11 期。

和运用保障社会公平和正义。生态文明建设既具有鲜明的区域特征、又具有跨区域联动的整体特征。中国特色社会主义进入新时代，要解决我国社会发展不平衡不充分的突出问题，必须立足于自然资源商品属性、生态属性和公共产品属性之间的内在有机统一，从自然资源跨区域流动的经济、社会和政治权力的有机统一来把握生态文明区域协同发展的基本内涵和现实意义，寻求我国生态文明区域协同发展的思想共识。

第一节　生态文明区域协同发展的内涵解析

中国共产党在带领全国人民建设中国特色社会主义的伟大实践中，坚持唯物辩证法，把世界看作是一个相互联系的有机整体，坚持用全面、联系和发展的观点看世界，形成了"统筹兼顾""综合平衡""全面协调可持续"等许多关于协调发展的理念和战略。党的十八大以来，我国各族人民，紧紧围绕实现"两个一百年"奋斗目标和中华民族伟大复兴的中国梦，坚持和发展中国特色社会主义，立足于"五位一体"总体布局，倡导、遵循"创新、协调、绿色、开放、共享"的新发展理念，为我国推进生态文明区域协同发展奠定了坚实的思想理论基础。

一、协同与区域协同发展：概念界说

（一）"协同"的概念与基本观点

"咸得其实，糜不协同"。我国古代先贤早在《汉书·律历志上》中就提出了"协同"的概念，意指"谐调一致，和合共同"[①]（侯永志

[①]　侯永志、张永生、刘培林：《区域协同发展：机制与政策》，中国发展出版社 2016 年版，第 1 页。

等，2016）。20世纪70年代，德国物理学家赫尔曼·哈肯（Harmann Haken）提出了"协同"（Synergetics）[①]理论，主要用于阐释自然界和人类社会系统中，各子系统之间怎样合作以产生宏观的空间结构、时间结构或功能结构，并以此形成有序的"自组织"，形成具有某种全新性质的整体效应或者一种新型结构的现象和问题。该理论致力于解释客观世界万事万物普遍存在的有序、无序现象，并且在一定条件下两者相互转化实现从无序到有序、从混沌到协同的转化规律，为人们以有效的思维和行为方式作用于自然界和人类社会，进而使之产生新的系统属性、结构和功能转化提供了科学的视角。

一般而言，无序意味着系统内部各子系统之间相互作用所导致的结构和功能的失调和失衡，而有序则意味着通过系统外部和内部各种影响因素有调节、有目的、自己组织起来的作用，使远离平衡态的开放系统在与外界有物质或能量交换的情况下，通过内在的协同作用，[②]自发形成特定时空范围和功能边界间的协调与稳定状态。因此，事物的运动从无序转化为有序是"协同"的本质。

梳理协同学的基本理论，可以从如下层面把握关于"协同"的基本观点：第一，从对象指向上看，鉴于事物的系统整体具有广泛性和普遍性，"协同"发生的范围涵盖了自然界和人类社会各种客观存在，既包括了生物界和非生物界，又包括了社会生活中人与自然、人与人、人与社会的各种客观存在，既包含了具体的、微观的个体对象，

---

① 王维国：《协调发展的理论与方法研究》，中国财政经济出版社2000年版，第71—72页。

② 王杏芬：《整合审计提高了财务报告质量吗？——系统协同理论视角的经验证据》，《江西财经大学学报》2011年第4期。

又包含了抽象的、宏观的对象。第二，从目标指向来看，鉴于事物运动变化存在"无序"和"有序"两种状态，"协同"试图解决通过开放系统的"自组织"，即启动系统自身具有的能使系统从失衡转向到平衡的机制和动力，使系统内部因素自发组织形成新的结构和功能，实现从"无序"到"有序"的转化，进而促进事物整体属性和价值的改善和升华。第三，从路径指向上看，鉴于系统整体的层次性和多元性，各子系统中的相互合作形成的"参序量"及其支配作用为子系统的"自组织"过程提供了依托，在"参序量"得到控制和改变时，"协同"过程便由此发生并生成内在的实现路径。

（二）区域协同发展的基本概念

基于协同的基本观点，学界对区域协同发展作出了概念界定（黎鹏，2005；冷志明，2006；刘海明，2010；张天悦，2011；王力年，2012）。尽管这些界定各有侧重，但是，现有研究将"协同"发生的范围和对象锁定在区域或空间维度，并将考察的具体内容具象到区域经济系统以及各个子系统之间的相互作用之上。因此，区域协同发展具有了鲜明的价值导向，即在具有特定经济地理关联但又具有不同支撑要素和发展优势的区域空间之间，通过其固有的经济、社会子系统间的反复博弈且随着外部环境的变化而变化，形成区域之间经济社会系统运行由无序到有序、由不平衡到平衡、由不稳定到稳定的状态转变和功能跃迁，并最终获得有序的新型经济社会发展状态。

显然，在这个过程中，区域内部或区域之间单个生产要素或"自组织"因素对整个区域系统的演变的作用是有限的，区域协同发展必然要求所有经济要素通过分工与合作产生系统性合力，并优化关联性区域经济社会系统的运行轨迹。从这一意义上看，"协同"就是"合作的科学"。①

　　因此，区域协同发展就是区域之间或同一区域内各经济组分间的协同共生，合力推进更大区域范围内资源、经济、社会系统实现由无序至有序、从混沌到协作的动态转变，形成"合作共赢、互惠共生、一体繁荣"的内生驱动机制，并最终促进全社会经济高效有序发展的过程。总体而言，区域协同发展应该包含如下内容：首先，其在强调区域全局和整体效益的同时，重视充分发挥不同区域内部和相互之间各个子系统的积极性、自主性和创造性，引导和激发各个关联区域在比较优势的基础上发挥自身优势，实现区域资源和优势互补，避免区域关联的阻隔和发展质态的同化；其次，强调关联区域之内经济、社会等子系统的平等、开放和包容，倡导资本、劳动、技术等生产要素的高效流动，诱导这些区域之间在信息、设施、政策等资源的利用突破单个区域的约束，以在更大的跨区域经济活动中实现共治共享；再次，强调关联区域发展成果的公正权利和公平分配，倡导在跨区域合作系统中，避免强势区域对弱势区域的损害和掠夺，建立跨区域系统的利益合理分配格局，实现发展权益的开放共享和"帕累托最优"。这种通过区域之间资源、经济、社会系统内要素之间彼此协作、有机整合的"自组织"模式，将促进不同区域之间的互惠共生和合作共赢，为推动社会生产力发展提供了理想的路径。

　　20世纪80年代以来，随着一些国家和地区区域发展差距扩大及区域之间矛盾冲突的加剧，如何促进区域协同发展的问题日益受到理论研究者和政府决策部门的重视。如，欧盟先后出台了指导和资助落

---

　　① 郭治安、沈小峰：《协同论》，山西经济出版社1991年版，第1页。

后地区和其他经济结构存在问题的地区发展的"结构政策"，促进欧盟区域经济的协同发展；德国在区域规划中就突出加强基于城市分工网络的区域合作，创造国家经济发展的区域协同效应；美国则实施全国统一的国土整治和区域协调立法，日渐形成和完善了以联邦政府直接补贴和赠款给落后地区和社区的区域政策体系（汤梦玲、李仙，2016）。与此同时，理论界已经从经济、社会、技术、制度等多维视角来探索区域合作、区域协调发展及区域内子系统间的相互促进与功能整合问题，[①]形成了丰富的理论成果（覃成林等，2012；白俊红、蒋伏心，2015；万幼清、胡强，2015；叶大凤，2015；余泳泽，2015；赵增耀等，2015；祝佳，2015）。这些实践和理论的发展，为生态文明背景下我国如何立足于资源节约、环境保护的视角，探讨具有不同发展优势的区域单元之间，以怎样的合作方式产生高效有序的生态文明空间结构和功能结构提供了思想启示和经验支持。

但是，需要注意的是，国外基于协同理论展开的区域协同治理实践，源于生产资料私有制基础上的自由市场规则。在一般意义的商品生产领域，通过市场、政府和社会的作用机制是可能得到局部或短期协调的。然而，对于具有生态属性、公共属性的自然资源的市场流动而言，生产资料私有制因其内在的资本逻辑，往往引致自然资源在区域之间配置的"市场失灵"而成为区域协同发展的桎梏。

二、生态文明致力自然资源"三种属性"的统一

我国致力建设的生态文明，是基于国家经济建设、政治建设、社

---

① 李琳：《区域经济协同发展：动态评估、驱动机制及模式选择》，社会科学文献出版社2016年版，第5页。

会建设和文化建设的具体国情而试图构建的新型文明形态，是在中国特色社会主义制度下塑造人与自然、人与人、人与社会协调关系的发展理念、发展路径的绿色转型，是构建符合社会基本矛盾运动规律要求的深层生产关系变革。较长时期内，我国在解放和发展生产力的过程中，注重自然资源开发利用的经济意义和 GDP 增长，形成了人与自然关系失衡失序的状态，使经济社会发展面临严重的生态环境问题。解放和发展生产力是社会主义的本质要求。建设生态文明，"坚持节约优先、保护优先、自然恢复为主的方针，形成节约资源和保护环境的空间格局、产业结构、生产方式、生活方式"，[①] 正式成为当前中国特色社会主义解放和发展生产力的直接要求。显然，生产力的解放和发展不是凭空而来的，相反，生产力融合于特定的以生产资料所有制为基础的生产关系之中。作为解放和发展生产力的新路径，我国生态文明植根于以生产资料公有制为基础的生产关系之中，这既是我国生态文明的制度基础，又是我国生态文明建设的根本特征。

自然资源开发利用方式的转变是生态文明的基本前提。社会主义生产资料公有制的所有制形式，决定了我国的自然资源归全民和集体所有，国家代表其进行管理，具体由各级部门和地方政府代理管理，有关企业、事业单位或者个人成了自然资源的经营使用者。这种所有者与经营者分离的制度安排形成了自然资源的委托—代理关系。在自然资源所有权和经营权相对分离的情形下，由于缺乏明确人格化的所有者，[②] 即缺

---

① 习近平：《决胜全面建成小康社会　夺取新时代中国特色社会主义伟大胜利——在中国共产党第十九次全国代表大会上的报告》，人民出版社 2017 年版，第 50 页。

② 陈军、成金华：《意识形态与中国自然资源的产权安排》，《华东理工大学学报》（社科版）2005 年第 2 期。

乏确定的、唯一的对资源具有产权的自然人或者法人，那么当作为代理方的地方政府或企事业单位产生利己主义倾向时，就会发挥自身所具有的政治权力展开资源"寻租"。在制度监管缺失或不力的情况下，地方政治权力所赋予的自然资源代理权就成为资本欲望得以满足的形式。其结果则自然地表现为两个方面的负面影响：自然资源的商品、生态和公共产品三个属性的割裂，以及在自然资源开发利用中经济、社会和政治权力的区域性失衡。这些负面影响直接作用于我国各地区的经济社会发展过程之中，成为区域内部和区域之间资源、环境、经济和社会系统之间不平衡、不协调、不可持续发展的症结。

因此，生态文明建设要解决的主要问题，从表象上看，是自然资源开发利用、生态环境保护的问题。而从实质来看，则是如何通过合理的制度约束使自然资源的商品属性、生态属性和公共产品属性有机统一、进而更为科学有效地界定地方政府在自然资源开发利用和经济、社会建设中的权力边界，以优化经济管理、政府管理和社会治理方式的问题。我国生态文明建设是立足于社会主义基本经济制度而展开的生产力与生产关系、经济基础和上层建筑关系的调整和变革，体现了深刻的政治经济学逻辑（见图1—1）。

生态文明建设遵循自然资源作为基本生产资料的社会主义公有制，并通过日益成熟的市场机制，使其作为生产要素的商品属性不断体现出应有的经济价值和市场收益，为更好地推动生产要素的自由流动和优化配置提供必要前提，并在此基础上通过有效的生态环境保护制度，使自然资源在开发利用中顺应自身保育修复和环境净化的功能，增强自然生态系统内在的稳定性，为自然资源和生态环境的本体性存续奠定基础。与此同时，生态文明建设还试图通过自然资源的节

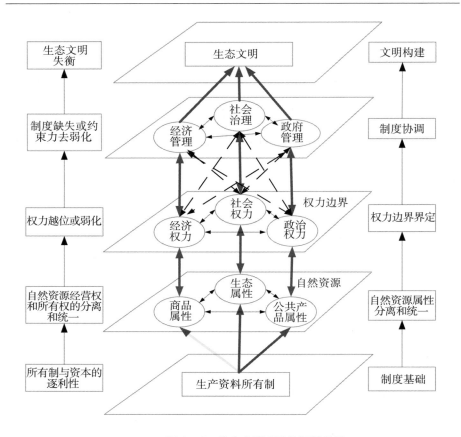

图1—1 生态文明建设的逻辑关系

约利用和生态环境保护，为全体社会成员营造良好的自然生态环境，提供良好的生态服务，并使之作为具有开放性和包容性的公共产品，让人们获得宜居、宜业的便利舒适享受进而获得源自生态感受的幸福感、安全感和满足感，为全社会凝聚"真、善、美"的社会心态和公平正义的社会秩序提供必要条件。

生态文明以规范尊重自然、顺应自然、保护自然的行为准则为基础，不断约束自然资源、生态环境相关的市场、政府和社会的权力。一般而言，在文明发展的进程中，权力可以分解为政治权力、经济权力和社会权力，这些权力源自于不同领域但又相互影响辩证统一，在具体运行中却存在应用的边界。历史和现实的经验显示，在这样一种三位一体的权力架构内，政府权力具有对其他两种权力的决定性作用。政府权力偏向何方，就会改变经济和社会生活及其相应领域的平衡关系，从而深刻影响整个社会的运行秩序。从我国的发展经验来看，传统的粗放型发展方式已经导致了严重的经济结构失衡，并由此又产生了健康、安全、公平、法治等社会问题。因此，生态文明需要处理好经济、社会和政府的权力协调关系，科学地界定他们的权力边界，即在遵循市场规律发挥生产主体的积极性、主动性和创造性的同时，又有效发挥政府管理经济、社会的能力，并使之在解决突出环境问题、实现生态系统保护、促进绿色发展中充分发挥应有的功能和作用，以优化和提升政府防范和化解生态、社会风险社会治理的能力。

三、生态文明区域协同发展的基本内涵

根据前文对区域协同发展和生态文明内涵的理解，可以把生态文明区域协同发展定义为，在特定的空间范围之内，具有一定空间结构和功能特性的区域系统，在自然资源节约集约化利用、生态环境保护、国土空间优化、制度建设等环节之中，不同区域能充分发挥各自的区域比较优势和现实发展继承，不断进行物质、能量与信息的交换，缓解冲突，打破制约，达到互惠互利、相互依存、协同发展的模式和态势。这种模式致力于推动不同区域之间资源、环境、空间、经济和社会系统的不断良性循环并向更高层次发展，其最终结构就是以自然资源协调、权利协调、制度协调为导向，在不同区域之间形成自

然资源商品、生态和公共产品属性三者的有机统一，以及基于自然资源三属性形成的经济、社会和政治权力的动态平衡与有机统一，坚持以"人民为中心"且权力边界明晰的经济制度、政治制度、社会制度的重构，并能在全社会达到实现生产效率最大化和自然环境伤害最低化的协同发展，重塑人与社会、国家与国家以及文明与文明之间的共存秩序，不断满足人类全面发展的需要，实现人的自由全面发展。因此，生态文明区域协同发展具有如下内涵：

（一）"协同"是生态价值区域转移的关系状态

从区域发展的系统性视角来看，生态文明区域协同发展具有多维性。这种多维性既源自于生态文明所依存的地域空间中从国家到经济区（带）再到行政区域的广延性，又源自于区域经济、社会发展过程所依赖的从交换到合作、从协同到一体化的时序延展性；既源自于生态文明建设发生的经济、社会和生态环境具体领域的对象性，又源自于物质资料生产过程基于生产、分配、交换和消费行为的连续性。生态文明区域协同发展的构成子系统就分布在这样一个具有多维网络结构的系统之中，并随着生态文明建设的阶段性变化而产生动态演化的趋势。在生态文明建设的初始阶段，区域资源、环境、经济、社会、制度等各个子系统之间发生作用的形式主要表现为直接的信息和资源交换，自然资源随着经济发展和市场需求的特征变化而在较小的地理空间尺度内（如邻近区域）进行流动，而环境保护实现交流方式的也多发生在有限的范围。但是，随着生态文明建设水平的提高，上述子系统之间的关系逐渐突破行政区划空间约束的界限，而在非毗邻区域逐渐向协同、一体化的高级形态演变。

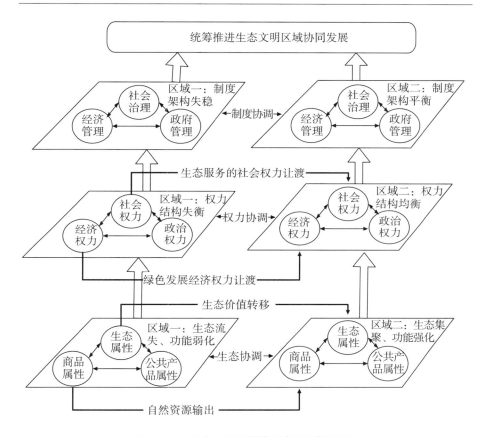

图1—2　生态文明区域协同发展逻辑关系

　　然而，正如图1—2所示，无论是邻近区域还是非毗邻区域之间的协同过程，都首先依赖于区域之间自然资源的自由流动，从而形成物质生产过程生产要素的"输入""输出"关系并发生自然资源生态价值的转移。在这种转移过程中，如果过于注重自然资源的商品属性和经济价值，而忽略其自身所具有的生态价值和公共产品价值，那么自然资源之于所在区域所具有的生态涵养、保育修复、环境舒适性供给等功能就会相应地弱化，形成区域内部人与自然关系的失调。而对于自然资源的接受区域，则运用商品交换的形式实现了自然资源使用权转移，得到了可以直接利用的自然资源产品。此时，这类地区则无须再展开同类自然资源的开发过程且承担其相应的环境成本，因而具有相对较好的生态系统状态和生态服务供给条件。由此可见，引导区域之间的协同，就是要矫正这种区域之间基于自然资源流动所形成的价值扭曲关系，既重视自然资源的经济价值，又充分重视自然资源之于所在地和接受区所共有的生态价值和公共产品价值，以开放共赢互利共生的原则导向促进自然资源输出地和接收区的生态系统功能的共同提高和优化。

（二）"协同"是区域绿色发展权力的系统协调

"协同"不仅是区域发展的一种状态，也被视为实现更加包容、更加均衡、更加协调的区域发展的新思路、新路径。在生态文明建设领域，它通过系统的机制设计充分激发区域之间资源、环境、经济、社会等子系统之间展开更加具体化、精细化和差异化的分工协作，进而形成资源、资本、技术、劳动等生产要素的交互作用，在促进区域之间各子系统结构功能优化的同时取得"1+1>2"的"协同效应"。

作为一种区域发展模式和文明跃迁路径，生态文明区域协同发展具有几个重要优势：

其一，强调生态文明建设过程在不同类型地区发展路径的多元化和差异化。随着市场开放程度的提高和资源、技术、信息流通速度的提高，区域之间因经济、社会交往的深化而呈现出了更为开放、多元的交往形势而日渐形成更多包容复杂系统。其中，基于自然禀赋、历史文化、发展阶段和发展水平的差异，每个地区生态文明建设都面临不同的初始条件，也面临不同的发展结果，并且初始条件和发展结果还存在不确定的非直线对应关系。因此，不同区域的生态文明建设必将面临不同的路径选择。

其二，注重不同地区生态文明发展过程的动态平衡。正如前所述，区域生态文明是具有多层次、多维度的生态文明系统，低层级的子系统可能是更高层级子系统的构成要素，每个子系统本身有可能是另一个维度子系统的组成部分。整个系统既有系统性目标，也有子系统（地区）目标；既有单个子系统自身的运行，也有不同子系统之间的组织调节。① 因此，为提高区域和全国整体的生态文明发展水平，需高度重视不同区域生态文明系统的关联互动和协同共荣，在系统的结构平衡中获得整体系统的动态稳定，否则就可能因为"极化"和"马太效应"而重新面临生态环境超载、大城市病等社会问题。

其三，促使具有不同比较优势的区域之间展开多样性深度合作。生态文明建设包含了经济、社会、技术、制度等诸多要素的生态化转型，要实现生态文明区域协同发展，必须引导区域之间物质、能量、信息"投入—产出"方式或路线的改进，在质量、效率和动力转换的过程中更好地协调好区域之间的资源配置、污染控制、空间规划和管理制度的互动合作，实现跨区域的生态文明有序化发展。

当然，从本质来看，上述优势的形成是生态文明建设中区域内部和区域之间在经济权力、政治权力和社会权力的系统性协调。一方面，在区域内部要形成有序的资源、环境、社会和制度秩序并为生态文明区域协同发展提供良好条件，必须首先转变"唯GDP"论的错误观念，将低碳、高效和循环的绿色发展理念融入到区域经济社会发展的方方面面。这必然要求地方政府在经济管理中重视经济权力的科学规范运用，在遵循市场规律的前提下，以质量第一、效率优先的原则，在推

----

① 侯永志、张永生、刘培林：《区域协同发展：机制与政策》，中国发展出版社2016年版，第5页。

进生产方式和发展模式转变的过程中"尽职而不越位",创新空间组织形式和经济管理方式,在当好生态文明"倡导者""决策者"和"守夜人"角色的同时,更多注重将政治权力的运用让渡到社会治理视野之中,实现由全能政府、权力政府向有限政府、责任政府的转变,在促进生态正义、社会公平、健康安全和民生改善的工作中有效发挥好相应的政治权力和社会权力,这样才能满足生态文明建设以人民为中心的价值追求。另一方面,具有经济地理关联并已经形成较为深刻的经济社会交往关系的区域之间,要形成有利于生态文明的发展路径,并在发展过程中实现动态平衡和深度合作,为提供环境产品和生态服务的关联区域提供有力的资金、项目、智力、信息、技术等方面的支持,服务生态文明建设"全局一盘棋"的系统架构,融入生态文明区域协同发展的利益分配新格局。

(三)"协同"是生态文明建设跨区域的制度整合

生态文明区域协同发展追求的是邻近区域之间在生态文明建设的环节和领域之间互惠互利、协同共荣的目标和态势,因而具有鲜明的系统进化理论的色彩。系统进化理论认为,事物发展的每个子系统都处在由简单到复杂、无序向有序、封闭向开放、简单组合向聚合进化的进程。[①] 因此,"协同"是由区域之间共有的生态文明系统向更加稳定、健康的目标状态演化的过程。在此过程中,系统内生(如市场规则)力量和外在力量(如政府管理制度)相互作用,为区域之间的生态文明发展要素形成公平、公正的流动与配置提供了可以遵循的规则。在这些规制的引导和约束之下,形成跨区域生态文明发展的整体

---

① 王慧炯:《社会系统工程方法论》,中国发展出版社 2015 年版,第 5 页。

性、平衡结构性、关联性功能。具体表现在：其一，由各区域生态文明子系统基于特定的物质、能量和信息传递的关系形成有机组合，而实现区域性的人与自然、人与社会协调的总体系统目标；其二，通过有效的区域联动、分工合作及援助扶持等交流形式，防范区域生态文明建设水平差距过大的结构失衡，提升全局性生态文明系统整体运行效率；其三，全国统一、开放的市场秩序特别是生产条件社会化的制度基础，为生态文明建设关联地区之间提供了更为开放性的系统，不同区域之间消除低水平自我封闭的藩篱，通过与外界系统的资源与能量交换，实现彼此影响、相互促进的有序发展。

显然，这些跨区域生态文明发展的整体性、平衡结构性、关联性功能的取得存在着内在的发生依据，那就是基于政府职能优化而衍生的制度协调。我国现有的制度架构已经引导和赋予了政府在区域发展中的职能：通过规范区域发展的市场行为规则，提供市场信息、监督市场活动纠正区域市场缺陷；通过组织与制定区域发展规划与政策、协调区际关系与供需平衡、防止区域发展差距扩大、组织区域基础设施建设等职能进而弥补市场失灵。与此同时，随着政府管理模式的优化，地方政府也肩负了弥补市场宏观缺陷承接中央经济调节、提供地方公共产品和服务、维护公平竞争优化市场秩序、制定地方经济社会发展战略与规划改进社会管理等职能。在区域发展一体化背景下，地方政府还肩负了与其他地区政府合作提升区域经济利益、统筹跨区域自然资源的开发利用增强资源环境可持续性、统筹区域基础设施建设实现空间结构网络化等方面的职能。[①] 这些政府职能的明确界定和规

---

① 郭岚：《中国区域差异与区域经济协调发展研究》，四川出版集团2008年版，第248页。

范运用，为生态文明区域协同发展提供了明确的权力边界，为经济管理、政府管理和社会治理协调基础上的生态文明建设区域协作提供了制度协调的重要保障。

四、我国生态文明区域协同发展面临的主要难题

生态文明区域协同发展是一个源自于区域协同发展的生态文明建设路径选择新理念，追求的目标是挖掘各个地区生态文明建设的潜能，有效解决区域生态文明建设的效率和公平问题。这既符合我国生态文明区域发展差距较大的现实国情，也符合人民日益增长的美好生活需要意愿。自生态文明概念在党的十七大报告中被首次提出以来，我国各地区将生态文明建设有机融入科学发展和区域协调发展的过程之中，已经取得了明显成效。但是，由于生态文明区域协同发展既涉及区域内部自然资源商品属性、生态属性和公共产品属性的协调，又涉及由此延伸的经济权力、政治权力和社会权力的科学让渡，既涉及单个地区发展路径的优化，也涉及地区和地区之间关系的优化，因此也面临一些难题制约。

（一）传统的行政治理理念和模式不适应生态文明区域协同发展的需要

长期以来，我国社会形成了"金字塔"形的社会权力架构，经济权力、政治权力和社会权力自上而下在行政单元内部单向度运行，进而实现经济管理、政府管理和社会治理。在这样的权力配置格局下，支撑生态文明建设的经济、政治、社会和文化建设活动则表现出较为明显的行政管辖权属边界，地方政府能够运用行政手段，发挥其对辖区内自然资源开发、生态环境保护及实现绿色发展等方面的作用，但

是，对于邻近地区不存在非隶属关系的政府行为的协调却较为薄弱。在此背景下，当水资源、大气资源等具有较强流动性、跨界性的自然资源受到污染破坏时，区域之间、地方政府之间往往难以形成快捷有效的协同防范治理机制，这也使得生态文明建设形成了明显的地域分割特征。由此，行政区划界限对区域之间生态文明建设横向联系的刚性约束，使得区域生态环境保护的联防联动机制尚未全面建立，成为生态文明区域协同发展的重要障碍。

（二）区域经济竞争格局与区域市场边界是生态文明区域协同发展的壁垒

在影响生态文明区域发展的诸多因素中，地方政府具有特别重要的地位，地方政府行为可以影响到几乎所有自然资源和社会资源的空间流向。较长时期以来，为了实现生产力快速发展，我国建立以经济增长为导向的激励机制，这种激励导向在发挥地方政府的积极性、主动性和创造性的同时，也产生了明显的弊端，那就是一些地区盲目追求 GDP 增长的速度，使得经济发展的质量和效益受到制约，区域协调发展动力不足。

无论是发达地区还是欠发达地区，对经济增长的总量、速度都具有强烈的愿望，而对于具有"公共性""利他性"对于本地经济增长难以直接产生效用的环境保护、生态修复等与生态文明建设直接相关的公益性事务，并没有太多关注的热情和行动的投入，跨区域的生态文明建设实践就陷入孤立无援、分散自治的状态。

与此同时，由于各地区的发展理念和路径具有较强的相似性，地区之间在经济增长模式选择上也相互复制进而形成了具有较强地方保护色彩的市场边界。在既定的资源供给下，地区和地区的发展往往陷入非此即彼的"零和"竞争而难以寻求到利益的共同点，一些有利于资源节约利用和生态环境保护的项目、技术和信息等重要资源难以在区域之间自由流动，当然也就难以就生态文明系统需要着力的具体领域形成分工合作和协同发展的行动。这些隐形的"市场壁垒"在全社会范围内造成低质量竞争和资源浪费，遏制了区域发展应有成果分享和功能扩散，并最终限制开放、统一的生态文明区域协同发展系统的形成。

（三）不完善的资源统筹利用机制和区域政策制约生态文明协同发展

生态文明区域协同发展是立足于生态文明视阈，从国家整体层面而展开的资源优化配置和生态环境问题协同治理体系，试图通过高层次的统筹资源配置和政府权力协调机制，以发挥区域之间的协同效应实现区域和国家整体生态文明建设成效的改进和升华。要实现上述目的，还需要有组织完善、设计精细的系统性生态文明区域协同管理制度，如跨行业和区域的管理机构、政策监督与评估机制等作为保障。但是，从现实情况来看，专门的协调区域生态文明建设的机构、具有针对性和可操作实施生态文明区域协同发展政策的规划和政策框架尚未健全，这成为中东西部地区生态文明发展水平差距存续、绿色发展区域失衡、资源环境问题区域冲突和地方保护主义盛行的重要原因。

无论是自然资源、生态资源还是其他公共资源，我国现有的配置方式基本上以行政区为单元，按照归口管理的部门职能、自上而下进行纵向配置。在这些公共资源的配置过程中，政府部门追求的目标是各种利益的平衡，而难以充分考虑不同地区在国家整个经济社会发展体系中的角色定位、功能区分以及地区本身所具有的生态文明建设优势。加之部门之间和区域之间横向协调机制的薄弱，这就使得资源配置过程难以真正实现协同。此外，生态文明区域协同发展是区域之间基于资源环境稀缺性、环境利益共享性、生态价值公有性、环境权利公平性而发生的有机统一关系。然而，事实上，在较大部分地区，这种理想的互惠互动关系尚未形成，相反，一些"以邻为壑""掠夺"公共资源、转嫁环境污染等区域自利行为却时有发生，成为生态文明区域协同发展所面临的难以解决的难题。

第二节　实现生态文明区域协同发展的目标指向

经过改革开放四十多年的发展，我国社会生产力水平总体上得到了显著提高，社会生产能力在许多领域、许多方面进入世界前列。[①]长期以来我国面临的短缺经济和社会产品供给不足的状况已经发生了彻底转变。党的十八大以来，面对世界经济持续低迷和国内经济"三期叠加"的不利条件和复杂形势，党中央果断作出了我国经济进入新常态的重大判断，创造性地提出了"创新、协调、绿色、开放、共享"的新发展理念。这为我国解决长期以来发展不平衡不充分的突出问题指明了方向。发展不平衡意指我国各区域各方面发展不够平衡制约了全国发展水平的提升，发展不充分意指我国一些地区、一些领域、一些方面发展不足的问题，发展的任务还很重。[②]仅从区域层面来看，发展不平衡不充分集中表现在，我国东部地区、中部地区和西部地区

[①]　韩昌跃：《习近平新时代中国特色社会主义思想的人民逻辑》，《学习月刊》2017 年第 12 期。

[②]　冷溶：《正确把握我国社会主要矛盾的变化》，《党的十九大报告辅导读本》，人民出版社 2017 年版，第 128 页。

之间发展水平仍然存在较大差距，东部地区已经接近或等同发达国家发展水平，但在中西部地区特别是革命老区、民族地区、边疆地区和贫困地区，还存在大量传统的、相对落后的生产力。同时，区域经济发展水平总体提高，但社会法治化水平不高，收入分配差距仍然较大，社会建设还存在不少短板，生态文明建设问题依然较多。这些难题相互影响相互制约，带来了很多社会矛盾和问题。当前，必须清醒地认识到，区域发展不平衡问题的长期存在必然制约人的自由全面公平发展，也必然制约我国"五位一体"现代化建设整体水平的提高。生态文明区域协同发展，正是瞄准区域发展不平衡这一突出问题而试图探寻的破解路径，具有鲜明和具体的目标指向。

一、生态文明区域协同发展致力缩小经济发展差距

作为人类文明的高级形态，生态文明首先必须建立在高度发达的社会生产和良好的经济发展水平之上。生态文明区域协同发展，也必然离不开区域经济的协调发展。然而，受到地理区位、自然资源、发展方式等因素的路径依赖，我国各地区之间在经济总量、经济结构和发展速度等方面还存在较大差距。例如，根据国家统计局公布的数据，2016年，GDP总量排名前三的省份广东、江苏和山东，GDP总量分别为8.09万亿元、7.74万亿元和6.80万亿元，三省GDP之和占据了全国GDP总量的30%。而GDP排名后三位的省份海南、宁夏和青海，GDP总量分别仅为0.41万亿元、0.32万亿元和0.26万亿元，三省GDP之和仅占全国总量的1.26%。因此，在全面建成小康社会的决胜阶段，我国区域经济发展的差距依然十分突出。可以预见的是，进入新的发展阶段之后，由于产业结构、发展阶段的差异，我国落后

的"老、少、边、穷"地区应对经济社会转型的能力还将继续存在显著差异，势必出现新的区域分化，一些地区特别是中西部地区还要面临财政、金融、社会等多重风险的交叉影响，若不采取有效措施，这些地区可能陷入更深的发展困境，进而从全局上影响全面建成小康社会目标的实现。

由于环境污染在地区间、城乡间和群体间具有明显的分布差异，这也从社会治理成本上成为经济发展差距的重要根源。世界银行的研究报告指出，当环境污染与健康、收入、贫困以及社会分配不公等问题相互交织和相互影响时，就极有可能陷入甚至被锁定在"环境健康贫困陷阱"之中，即迈入"污染损害健康—诱发疾病—损害劳动能力—加重经济负担并影响就业与劳动收入—陷入贫困"的恶性循环。由污染所引起的健康效率损失和公平问题可能成为中国"中等收入陷阱"风险的重要来源。①

因此，生态文明区域协同发展，就是要通过改革创新打破地区封锁和利益藩篱，②更好地从更加开放、包容的视野去协调好经济权力、政治权力和社会权力，在开放、共享的全局性发展方式转变过程中，协调、运用好经济管理、政府管理和社会治理的职能，在跨区域生产方式转型升级和提升全要素生产率的导向下，支持协助邻近地区绿色发展权的实现，引导区域之间形成分工有序、互助合作的联动发展机制，在加快建立现代化经济体系的过程中，保护生态环境、建立统一

---

① 祁毓、卢洪友：《污染、健康与不平等——跨越"环境健康贫困"陷阱》，《管理世界》2015 年第 9 期。

② 习近平：《实施三大战略，促进区域协调发展》，《习近平谈治国理政》（第二卷），外文出版社 2017 年版，第 236—237 页。

市场和规制机制、加快转变发展方式调整优化经济结构，缓解和缩小区域差距助力实现区域经济协调发展和共同繁荣。

二、生态文明区域协同发展致力改善生态环境质量

"绿水青山就是金山银山"。要更好地推进中国特色社会主义伟大事业，就必须正确处理好经济发展同生态环境保护的关系。[①] 党的十八大以来，党中央把生态文明建设放在更加突出的位置，针对致使发展不可持续、引发人民群众强烈反应的生态环境恶化问题，发布了《生态文明体制改革总体方案》等一系列促进生态文明建设的制度安排，实行最严格的生态环境保护制度，在生态文明建设上的重视程度、投入力度达到了前所未有的高度。这些工作增强了我国贯彻绿色发展理念的自觉性和主动性，有效遏制了忽略、漠视和破坏生态环境的行为和倾向，使美丽中国建设迈出了坚实步伐。[②]

但是，由于我国各地区所处的工业化、城市化进程不尽相同，特别是产业结构和发展方式的差异，一些工业聚集地区由于高强度的自然资源开发利用而导致了严重的生态环境问题，资源环境承载力超载和逼近阈值，并通过经济地理关联传导、扩散至其他区域，形成了局域或全局性生态环境质量的恶化，加剧了人民生产生活的安全和健康风险，也直接引发和间接引起了环境群体性事件的急剧爆发。与此同时，"严峻的资源环境形势不仅引发了公众对环境健康的严重担忧，

---

①　习近平：《努力走向社会主义生态文明新时代》，《习近平谈治国理政》，外文出版社2016 年版，第 209 页。
②　吴政隆：《以十九大精神统一思想行动　谱写"强富美高"新江苏精彩篇章》，《唯实》2018 年第 1 期。

还进一步加剧了贫富差距和社会不公，并在代际之间传递，引致代际间的不平等"。①

生态文明区域协同发展，必须注重生态文明建设的整体效能，直接瞄准我国各地区生态环境恶化的现实，注重区域之间在空间规划、资源消耗、污染排放、生态保育等事关生态文明建设重要领域的协作和复合治理，特别是基于区域资源环境要素条件和区域经济发展的联系程度的科学评估，通过有效的市场机制设计和合作分工体系的构建，引导这些要素由非均质的空间分布和专项趋于空间平衡结构的空间分布，② 加快不同区域资源节约型、环境友好型社会建设，克服部分区域生态环境约束加剧抑制全局或流域性生态环境改善的"木桶效应"，齐心协力同向同行应对和防范生态环境恶化的趋势和风险，不断改进区域生态环境质量和绿色发展的整体性和协调性。

三、生态文明区域协同发展致力调节社会保障能力

良好的生存环境是人类活动的基本前提，也是最普惠的民生福祉。习近平总书记曾指出，"推进生态文明建设，是人民群众的切身利益和根本利益所在，有利于建设优美舒适的人居环境，生产安全可靠的绿色产品，实现自然资源的永续利用，从而有效改善人民群众的生活质量。"③ 因此，加快生态文明建设是提高人们生活幸福感的重要

---

① 祁毓、卢洪友：《污染、健康与不平等——跨越"环境健康贫困"陷阱》，《管理世界》2015 年第 9 期。
② 金相郁：《中国区域经济不平衡与协调发展》，上海人民出版社、格致出版社 2007 年版，第 256 页。
③ 习近平：《干在实处走在前列——推进浙江发展的思考与实践》，中共中央党校出版社 2016 年版，第 186—187 页。

途径。随着生活水平的提高，人民群众的需求已经实现由"奔小康"到"要小康"的转变。小康社会不仅是物质财富极大丰富的社会，也是和谐社会秩序与祥和精神风貌并存的社会。但是，要形成这种有序的社会发展状态，离不开对人民群众可靠的社会保障。这种社会保障既包含"更加充分的就业、更高水平的医疗卫生服务、更好的教育、更好的社会保障"[①]等基础条件，又包含更舒适的居住条件、更加优美的自然环境、更加安全可靠的绿色产品供给和更丰富多彩的精神文化生活。

要解决这些问题，必须注重各区域的经济、社会与政治权力运用的协同。生态文明区域协同发展，旨在充分挖掘各地区绿色发展的动力，通过互助合作、援助扶持、利益协调的工作机制，在整体提高区域经济社会发展水平的前提下，增强人民群众的社会保障能力，增强就业、健康、教育等社会基本服务均等化的跨区域的网络连接与资源供给，并通过改进自然环境、解决危及人民身体健康的污染防治问题，保障人民群众的基本生存权和发展权，作出更加有效的制度安排，实现发展为了人民、发展依靠人民、发展成果由人民共享。[②]这既是对马克思主义关于协调发展理论的运用和创新，也是习近平生态文明思想的充实和深化，是理顺区域关系、提升发展空间、拓宽绿色发展视野的有力支点。[③]

"中国特色社会主义进入了新时代，这是我国发展新的历史方

---

① 吴政隆：《以十九大精神统一思想行动　谱写"强富美高"新江苏精彩篇章》，《唯实》2018 年第 1 期。

② 中共中央宣传部：《习近平新时代中国特色社会主义思想三十讲》，学习出版社 2018 年版，第 108 页。

③ 刘经纬：《习近平生态文明思想演进及其规律探析》，《行政论坛》2018 年第 2 期。

位。"① 这个重大政治判断，是我国社会主要矛盾运动的必然结果，是我国各族人民开创美好未来的必然要求。新时代意味着新起点、新任务和新要求。② 生态文明区域协同发展正是基于新发展形势和发展理念而提出的区域发展和生态文明建设促进方式，是对传统区域协调发展路径的调整和升级。它着眼于资源要素配置的方式、区域问题的治理方式、区域发展的思路并进行全面调整，致力于进行区域生态文明政策工具全面系统的组合和优化，构建更适宜区域"协同发展"的政策体系和激励约束机制，建立跨区域的利益补偿机制和考虑用环境因素的转移支付制度补偿正外部性，提高均衡性转移支付在整体转移支付中的比重，提高生态环境保护和基本公共服务的分配权重，③ 以更好地服务解决我国不平衡、不充分发展的问题。

第三节　生态文明区域协同发展的时代意义

近年来，我国各地区深入贯彻习近平新时代中国特色社会主义思想，不断落实党中央、国务院《关于加快推进生态文明建设的意见》和《生态文明体制改革总体方案》，严格落实大气、水体、土壤污染防治计划和主体功能区环境保护等一系列有利于生态文明建设的行动部署，立足于自身既有条件调整生产生活方式，在促进资源节约集约

---

① 习近平：《决胜全面建成小康社会　夺取新时代中国特色社会主义伟大胜利——在中国共产党第十九次全国代表大会上的报告》，人民出版社 2017 年版，第 10 页。

② 吴政隆：《以十九大精神统一思想行动　谱写"强富美高"新江苏精彩篇章》，《唯实》2018 年第 1 期。

③ 祁毓、卢洪友、徐彦坤：《中国环境分权体制改革研究：制度变迁、数量测算与效应评估》，《中国工业经济》2014 年第 1 期。

利用、生态环境保护、优化国土空间布局及生态文明制度建设方面取得了明显进展。然而，随着经济社会发展区域差距的扩大，在当前区域层次多、数量大、发展快速且不均衡的背景下，支撑生态文明建设的自然资源及开发利用区域分化明显、体现生态文明成效的环境质量与生态活力区域差异突出、承载生态文明建设的国土空间开发格局区域失衡等问题的长期存在，势必影响我国生态文明建设总体水平的提高，势必制约我国民生福祉的整体改善，势必影响全面建成小康社会目标的实现。在"创新、协调、绿色、开放、共享"发展理念的指导下，我国必须更加重视生态文明的区域发展的协调性，通过不断完善的机制和政策，引导具有不同生态基础但却具有较强经济地域关联的区域单元协同共生，在资源配置、环境保护、生态治理、空间优化、技术创新和社会管理等诸多领域形成区域合作发展的统一行动和高效融合，促进生态文明区域协同发展，这是我国加快推进生态文明建设的内在要求。

一、生态文明区域协同发展是提高我国生态文明总体水平的基本前提

区域经济社会发展必须建立在资源高效循环利用、生态环境得到严格保护的生产方式和空间结构的基础上。推进生态文明建设，提高全国生态文明建设的成效和发展水平，就是要按照"人与自然和谐"的价值追求，促进各个地区的生产方式和产业结构向绿色、循环、低碳的方向转化，实现人口资源环境相均衡、经济社会生态效益相统一。然而，我国各地区在寻求地方经济增长的过程中，均形成了其独有的资本、劳动和技术等生产资料的组合方式，并通过区域性生产函

数的变化诱发了资源、环境、生态及经济和社会的变化，形成了具有地域特征的自然资源开发、生态环境保护、国土空间利用和制度建设过程，进而使得我国生态文明发展的总体水平呈现出由东部地区向中部地区向西部地区逐步递减的总体发展格局，并在各区域内部呈现趋同现象，在各区域间呈现出边缘化的特征。[①]

显然，这种自东向西梯度分布的生态文明发展水平特征，既是我国各地区资源环境问题区域差异的折射，更是我国未来生态文明进一步发展的重要挑战——占据了全国近 80% 国土面积、55% 人口总量的中西部地区，若不加快转变发展方式，加强与东部地区的交流协作以提高生态文明发展水平，必将使我国生态文明发展的区域差距进一步扩大，进而制约全国生态文明发展水平的提高。因此，在区域空间市场一体化不断有效形成和扩大的条件下，引导发达地区和欠发达地区、东部地区和中西部地区分工与合作关系的不断深化和发展，以实现各区域优势资源的合理利用、区域生态经济效益的最大化和生态文明发展差距的可控化，已经成为确保我国生态文明建设总体水平不断提高的基本前提。

二、生态文明区域协同发展是改善我国人民群众民生福祉的有效途径

我国持续快速的经济发展显著提高了人民生活水平。进入 21 世纪以来，我国居民收入获得了较快增长，家庭财富有了较大程度的提高，人们衣食住行用的各种生活条件得到了明显改善，中国特色社会

---

① 成金华、李悦、陈军：《中国生态文明发展水平的空间差异与趋同性》，《中国人口、资源与环境》2015 年第 5 期。

主义道路显示出了强大的活力和优势。然而，总体上看我国生态文明建设水平仍然滞后于经济社会发展水平。从"求生存"到"求生态"，从"盼温饱"到"盼环保"，人民群众对良好生态环境的期盼越来越强烈，要求越来越高。[①] 只有加快推进生态文明建设，着力解决人民群众关切的生态环境问题，我国社会主义现代化建设才能真正走上"生产发展、生活富裕、生态良好"的发展道路。当然，从物质流动和环境演化的自然规律来看，生态环境问题并非是孤立发生在某一地区的个体性问题。随着生产社会化程度的提高及人口、资本等生产要素的快速流动，社会生产过程和居民消费过程所产生的污染排放和生态损害已经具有鲜明的流域性、动态性和空间关联性。近年来，我国辽河、海河、淮河、黄河等水域所发生的流域性水体污染，北京、天津、河北、山东、山西等地区秋冬季节发生的雾霾联动，以及西北地区所发生的土壤资源流失、土壤退化加速等现象，均深刻反映了区域经济活动对区域之外的人或社会产生的"负外部性"影响。

推进生态文明区域协同发展，按照"命运共同体"的理念和原则，引导具有较强经济地理关联的省市、地区之间展开大气、水体、土壤等生态环境污染和生态损害的联防联控，促进这些区域之间经济发展和环境保护的利益协调和优势共享，形成环境保护"一盘棋"、生态修复上下游互联互动的体制机制，才能真正让人们"喝上干净的水、呼吸新鲜的空气、吃上放心的食物"，才能真正在山清水秀、天蓝地绿的美好情境中让人民群众获得精神的愉悦和满足，在基本生存权、发展权得到保障的条件下跨入更高、更好的生活境界。

---

① 李军：《走向生态文明新时代的科学指南——学习习近平同志生态文明建设重要论述》，中国人民大学出版社 2015 年版，第 101 页。

三、生态文明区域协同发展是增进我国社会主义生产力的重要源泉

在生产实践中改造和影响自然以使其适应社会发展的需要，这是人类社会生活和全部历史的基础，也是发展社会生产力的基本内涵。在工业文明时代，人类社会的生产力水平得到了不断提高，但是在劳动过程和价值形成的过程中，自然生态环境的基础性作用依然十分明显。人们在处理人与自然的关系时，并没有充分认识到自然资源与环境对于生产力发展的意义。工业化开启了人类欲望的"潘多拉之盒"，使人类屡遭"自然的报复"。化解工业生态环境与经济发展的矛盾，成为生态文明新时代对人类智慧的考验。习近平总书记指出，"绿水青山就是金山银山"①，这是党和政府对这一问题给出的有力回答。"'绿水青山'代表良好的生态环境，'金山银山'代表经济发展带来的物质财富"，②这一论断将生态环境与社会生产力辩证地统一起来，使马克思主义生产力基本原理的内涵得到了丰富和提升，为我国当前推进现代化建设提供了重大原则。

新中国成立 70 年来，我国社会生产力得到了长足发展，中国特色社会主义焕发出蓬勃的生机和活力。但是，我国还有 1660 万的农村贫困人口。从地域分布上来看，贫困地区大多分布在东部边远的丘陵地区、中部山地高原和西部沙漠高寒山区等生态脆弱地带和边疆地区，尤其以西部生态脆弱地区居多。贫困地区与生态环境脆弱地区的地理分布高度相关，使得我国生态文明建设遭遇了经济贫困与生态

---

① 习近平：《习近平谈治国理政》（第二卷），外文出版社 2017 年版，第 209 页。
② 卢宁：《从"两山理论"到绿色发展：马克思主义生产力理论的创新成果》，《浙江社会科学》2016 年第 1 期。

贫困交织的难题和迅速脱贫致富与环境保护的双重压力。[①] 这些地区的居民基于生存压力和对脱贫致富的渴望，往往将经济增长作为第一目标，甚至不计后果、不惜以牺牲资源环境为代价换取经济的一时增长，进而导致原本脆弱的生态环境更加恶化和贫困问题进一步加剧的恶性循环。要摆脱这一困境，必须牢固树立"生态环境就是生产力"的理念，在补齐扶贫开发这块"短板"的过程中，建立完善区域协同发展的体制机制，通过有效的市场运行、空间组织、互助合作、利益协调、援助扶持与复合治理过程，让贫困地区居民得到自我发展的能力并保存资源与生态环境优势，不断改善生存环境，提高生活质量，为社会生产力发展提供宝贵的生态、环境和国土空间资源。

---

① 李军：《走向生态文明新时代的科学指南——学习习近平同志生态文明建设重要论述》，中国人民大学出版社 2015 年版，第 110 页。

第二章　我国区域生态文明发展水平测度分析：基于生态创新的视角

　　党的十九大报告指出，"我国经济已由高速增长阶段转向高质量发展阶段，正处在转变发展方式、优化经济结构、转换增长动力的关键期"，"推动经济发展的质量变革、效率变革和动力变革"。[①] 这一重大判断，明确了新时代我国经济发展的基本特征，是当前和今后一个时期区域发展和生态文明建设的重要背景。生态文明建设涉及的经济、社会、政治、文化、制度等庞大繁复系统，从哪一个角度对我国现有的生态文明建设问题进行诊断和识别才能切中生态文明建设的主要症结，这是理论研究关注的重点。创新是引领发展的第一动力。要更加准确地把握我国区域生态文明发展水平和存在的问题，必须首先将生态文明建设与国家创新驱动发展战略结合起来，从遵循创新发展理念、实施创新发展方式如何影响区域绿色发展这一基本命题入手，来评估我国区域生态文明发展成效和问题。作为一种新的技术创新形态，生态创新通过引进新的产品、工艺、服务和市场方案，减少使用自然资源、降低有害物质释放而实现经济、社会、资源与环境效益的

---

　　① 习近平：《决胜全面建成小康社会　夺取新时代中国特色社会主义伟大胜利——在中国共产党第十九次全国代表大会上的报告》，人民出版社 2017 年版，第 30 页。

统一，为提高全要素生产率、实现高质量发展提供了方向指引和关键路径。本书立足于区域生态文明的创新本质，从生态创新视角来测度分析我国区域生态文明发展成效和问题。

第一节　区域生态文明发展水平测算的视角选择

随着全球气候变化和资源环境问题的凸显，源于一般技术创新但又富有"绿色化"功能的生态创新日益成为当前学术研究和经济社会管理的热点（Berkhout，2011；Borghesi et al.，2013）。作为一种新的技术创新范式，生态创新试图"以减少使用自然资源（包括原料、能源、水、土地）和降低有害物质释放而引进新的或重要改进性产品、服务、工艺、组织变化和市场方案"（The Eco—Innovation Observatory，2012），实现环境效益、经济效益和社会效益的统一而具备了重要而鲜明的时代价值。然而，要促进生态文明建设，必须首先要对生态创新的水平进行测度。正如坎普和皮尔逊（Kemp & Pearson，2007）所言，"生态创新测度能够帮助人们评估一个国家和地区在处理经济增长和环境恶化矛盾问题所取得的进展，从而提供分析生态创新驱动因素、有效调节上述矛盾的有效方式"。

一、生态创新的内涵释义

自弗斯勒和詹姆斯（Fussler & James，1996）首次提出生态创新概念以来，理论界对"生态创新"的定义在表述上并未形成共识。例如，坎普和皮尔逊（2007）将生态创新定义为："生产、运用和开发对企业或消费者而言具有创新意义，相对于其替代产品而言能降低环境风险和资源利用（包括能源使用）中污染和负面影响而实施的产品、服务、工艺流程、组织结构与经营管理手段。"而霍尔巴赫等（Horbach et al.，2012）认为，生态创新是"显著减少环境压力的产品、工艺、市场和组织创新。这类创新将积极的环境影响作为明确的目标或者附带影响，发生在不同公司和整个消费者群体使用的产品和服务之中"。尽管已有的定义在表述中存在差异，但是都包含了环境与创新要素并且反映了生态创新目标的二元性（追求经济发展和环境保护的双赢）及结果的双重外部性（知识溢出和对环境产生较小的影响）（Jaffe A B，et al.，2005；Jana Hojnik et al.，2015）等关键功能，进而使之成为实现国家、地区、产业和企业可持续发展的重要途径之一。

从本质来看，作为经济系统创新的子集，生态创新拥有和分享着经济系统创新的诸多特点，是减少环境污染，减少原材料和能源使用的技术、工艺或产品创新活动的总和，是人们面对资源耗竭、环境恶化与生态损坏现实而展开的协调人与自然关系的技术、组织和制度的创造、变革与超越。因此，在早期的研究中，研究者主要运用新古典经济学和演化经济学理论来考察宏观（国家）和中观（产业）层面生态创新的影响因素及其作用机理（Rennings，2000）。一方面，基于新古典经济学理论的研究主要根据"经济人"自利、完全理性假设和最大化均衡分析框架，在考察生态创新的双重外部性和规制驱动问题时，侧重关注驱动生态创新的外部影响因素（如政府规制、市场、技术等）；另一方面，基于演化经济学理论的研究则根据有限理性假设和经验法则，着重考察驱动生态创新的内部和外部影响因素以及内、外部影响因素的交互作用问题（彭雪蓉、黄学，2013）。

二、生态创新发展水平测度的意义

提升生态创新发展水平，首先需要对生态创新水平展开测度。正如坎普和皮尔逊（2007）指出的那样，"生态创新水平的测度有利于评价国家或地区是如何实现经济增长与环境退化相脱钩的，并深化对生态创新动力和经济环境后果的认识"。作为存在典型区域差异的转型经济体，我国正面临经济增长放缓、结构调整阵痛、动能转换困难等日益复杂的多重挑战。因此，要破解资源环境约束与经济增长的两难困境，关键在于进一步增强生态创新的驱动功能，提升区域经济增长中的资源利用效率，控制污染排放强度，通过提高区域经济发展水平的质量来真正实现绿色、低碳、循环发展。当前，只有通过建立科学、系统、完整的生态创新水平测度指标体系来评价区域生态创新绩效，实现生态创新能力的横向与纵向比较，才能了解中国"创新、协调、绿色"发展的演化趋势和空间格局，有效识别和判断影响区域生态创新水平的因素，进而找出存在的问题，校正生态创新的发展方向，把区域发展锁定在可持续的轨道之上。

指标体系在许多领域得到了广泛应用，在问题诊断、趋势甄别、政策规制、环境评估、过程模拟等环节中发挥出了重要作用（Von Schirnding，2002）。在实施生态创新水平测度研究之前，已有许多研究将指标体系作为分析工具来表征、破解经济发展和资源环境的矛盾与冲突。20世纪90年代，就有一些国际组织和研究机构将可持续发展指标体系作为实施可持续发展战略的重要手段，通过对国家和地区可持续发展能力进行评价来共同推进全球可持续发展战略的进程。这些指标体系能够对全国和区域可持续发展能力进行评估，有助于促进全球可持续发展进程。具有代表性的指标体系包括人类发展指数

（HDI）（UNDP，1990）、可持续发展指标（SDI）（UNCSD，1996）、环境可持续性指标（ESI）（World Economic Forum et al.，2002）等，当然还有其他一些指标。[①]然而，在比较中发现，这些指标体系各有侧重，且有清晰的目标导向。例如，HDI以预期寿命、教育水准和生活质量指标来衡量各国社会经济发展程度，着力关注人与社会的发展；SDI运用"驱动力—状态—响应"系统描述人类活动和环境之间的相互作用关系，着力突显环境承载压力和环境退化之间的因果关系。

在新一轮科技革命和产业变革加速演进的背景下，生态创新已经成为引领可持续发展的关键动力。要更加有效地保障国家或地区发展的可持续性，就迫切需要克服可持续发展评价中存在的问题：如指向分散、考察维度不一、指标数量庞大等问题（Wilson et al.，2007），将研究重点聚焦在生态创新水平及其发展演变的问题之上，紧密围绕生态创新的核心内涵，通过对生态创新所取得的实际水平展开系统性战略性评价，把握一定时空范围内绿色技术创新的能力，判断其演化发展的趋势及速度，甄别区域生态创新的影响因素，为完善区域生态创新的政策体系与机制架构提供有效的信息服务和经验支持。显然，生态创新水平测度和可持续发展评价存在如下不同：从评价对象上看，生态创新水平测度关注的重点是社会生产过程中有益于绿色发展的技术、工艺和产品的创新努力过程及其所取得的经济、社会、技术和环境效应，而不是可持续发展评价中所关注的经济和人口发展而导致的资源环境影响；从指标选择上看，生态创新水平测度集中于与绿色技术发展相关的要素的投入和绿色产出，而不是可持续发展评价中

---

① 例如，环境绩效指标体系、国家财富指标、生态足迹指标等等。

所关注的广泛的自然环境、经济和人文系统；从目标导向上看，生态创新水平测度侧重于绿色技术发展能力的改善以及与创新活动相关的政策优化，而不是可持续发展评价中基于人类活动与环境退化关系的战略调整。

第二节　区域生态创新水平测算：指标体系与方法选择

一、生态创新测度指标体系的构建

同传统创新相比，区域生态创新不仅仅体现在区域经济和社会发展的绩效维度，即通过绿色技术、工艺和产品创新提高资源、能源的利用效率，降低生产生活成本和物耗，从而整体提高区域劳动生产率；还体现在技术和环境绩效维度，即通过生态创新过程，在一般带动技术扩散和发展的同时，有效地减少污染物的产生和排放，降低工业活动对生态环境的污染和威胁，促进生态环境改善。因此，区域生态创新是经济绩效、社会绩效、技术绩效和生态绩效四者的统一。

区域生态创新是一定空间范围内为满足资源环境可持续发展需要而形成的、独具特色的且以产生显著生态环境与经济社会效益为目标而推进创新的制度组织网络。通过知识、技术、工艺的生产、流动、更新和市场转化，区域生态创新在降低资源消耗总量与速度、控制污染物排放规模与强度、提高区域经济社会发展的质量与效益等方面产生着巨大作用。显然，作为区域可持续发展系统集成创新的成果，区域生态创新水平是经济、社会、技术与生态协同演进的绩效反映。

进行生态创新水平测度是理解和把握生态创新演变趋势和一般规律的重要前提。然而，对于在具体测度研究中如何选择评价指标体系，

理论界却还存在较多分歧。例如，在度量生态创新能力时，艾亚达
（Eiadat et al.，2008）和基奥等人（Chiou et a1.，2011）运用绿色工艺
专利指标，而凯琳·弗洛雷斯和英尼斯（Carrion Flores&Innes，2010）
则选择了有毒气体排放量指标。显然，运用这些单一指标进行衡量的
方式便于获取研究数据，但难以真实表现生态创新的整体水平。还有
研究从规制、消费者压力和绿色组织响应的视角设计了生态创新绩效
的评价指标体系，并通过问卷调查的方式对获取数据进行了实证研究
（Xiao-xing Huang，2016）。基于特别设计的调查研究虽具有较高的准
确性，但却缺乏广泛的适用性（毕克新，2013）。

　　为全面评价区域生态创新水平，本书在遵循指标体系构建科学
性、系统性、可行性原则的基础上，从绿色经济效应、生态社会效
应、技术累积效应和环境保护效应四个维度出发，构建了生态创新指
数测算指标体系，具体如表2—1所示。

表2—1　区域生态创新指数测算指标体系

总指标	维度指标	分项指标
区域生态创新水平	绿色经济效应	生产设备或技术改造投入
		绿色产品产值
		绿色产品出口创汇
		产业结构高度化指数
		"三废"综合利用产值
		污染治理项目年完成投资额
	生态社会效应	生态生产就业岗位数
		生态服务信息化水平
		全员劳动生产率
		生态保护机构个数
		生态制度建设水平

续表

总指标	维度指标	分项指标
区域 生态 创新 水平	技术累积效应	生态产品研发经费投入
		生态产品研发项目数
		绿色专利量
		一般专利技术发明量
		技术市场成交额
	环境保护效应	能源效率
		工业烟尘达标排放量
		工业固体废弃物综合利用量
		工业废水达标排放量
		各地区工业二氧化硫去除量
		城市生活垃圾无害化处理率

第一，绿色经济效应。作为一般技术创新的高级形态，区域生态创新是生态友好型技术不断经济化的过程。这一过程不是简单的技术叠加，而是将各种有利于绿色发展的生产要素和生产条件组合起来，并将其引入区域生产体系，进而形成高效率、高质量的区域经济增长效应的过程。因此，区域生态创新的实现过程，包含了资源投入和产品输出两个促进经济高级化的关键环节。一方面，生态创新通过运用资本、技术和人才等生产要素，驱动生产设备或技术的改进和替换，提高区域性绿色产品的生产能力和市场占有率，并促进区域经济结构由资源密集型向技术密集型转型，实现产业结构的高度化；另一方面，生态创新活动通过清洁生产技术的供给和运用，降低区域内污染物的产生和排放，尤其是加强对工业生产过程所导致的废水、废气和固体废弃物（"三废"）的综合利用，减少环境污染治理经费的支出，进而降低额外产生的生产成本，增强区域经济增长对自然环境的正外

部性。本书选择生产设备改造率、绿色产品产值、绿色产品出口创汇、产业结构高度化指数、"三废"综合利用产值、污染治理项目年完成投资额等 6 个指标来衡量区域生态创新的绿色经济效应。

第二，生态社会效应。生态社会建设是区域生态创新产生的现实背景，也是生态创新活动的价值导向。在可持续发展、生态现代化和生态文明理念逐渐成为全球共识的当今时代，人们越发期待通过生产技术的绿色化、生态化变革，来推进社会事业的持续进步，并由此带来生活福祉的改善。区域生态创新过程具备符合时代需求的社会功能。具体而言，实施区域生态创新，会增加区域范围内人们对绿色生产、流通和消费相关的知识储存，进而在增加绿色生产就业岗位的同时，提高社会的信息化水平和社会劳动生产率。此外，随着生态创新所带来经济与环境效应的显现，会激发区域建立更加规范的机构、组织和制度来保障生态创新所创造的发展红利，进而形成丰富多元的社会文化和生态伦理。基于此，本书选择生态生产就业岗位数、生态服务信息化水平、全员劳动生产率、生态保护机构个数、生态制度建设议案等 5 项指标来衡量区域生态创新的生态社会效应。

第三，技术累积效应。与传统创新相同，从事生态创新活动的地区有能够获得寓于"自组织"之中的知识积累和技术递进的能力，并能通过市场机制、产业关联的作用展开内部技术研发的合作与知识、信息交流，形成区域生态创新的知识累积效应。显然，从资源基础理论的视角看，服务于区域生态创新的资源条件若要创造效益，必须要将多种资源组合起来才能建立竞争优势。由于组织能力与生态创新投入之间是互补性资产的关系，生态创新投入只有与组织能力有机结合才能获得可能的利润（杨静，2015）。因此，在实施区域生态创新的过程中，政府会在投入较大规模研发经费时，通过组织体现区域发展战略的技术与创新研发项目，优化互补生产和配送设施的条件，为创新主体获得更多的生态创新成果提供资源保障。结果是，一方面，区域内的绿色技术产品如绿色专利得以获取；另一方面，由于生态创新植根于一般创新系统之中，其源于传统技术创新活动的探索与形成成果，能催化一般性技术创新的生产及其市场化运用，形成区域性的技术积累效应。本书选择生态产品研发经费投入、生态产品研发项目数、绿色专利申请量、一般专利技术发明量和技术市场成交额 5 项指标衡量生态创新的技术累积效应。

第四，环境保护效应。作为一般创新的特定形式，生态创新在发挥显著的通用知识溢出效应的同时，也产生着环境溢出效益。全社会在获得生态创新收益的同时，从事生产的企业却要承受遵守规制、减少环境压力的成本（Rennings et al.，2006）。此时，区域内的企业展开生态创新活动会打破传统的创新组织边界，也会有更为系统的政策设计来促进当前社会、文化形式及制度结构的改变。在此背景下，以谋取资源、环境和生态红利为目的的投机活动和败德行为会受到相关制度的约束，实现区域内资源能源消耗量降低、污染物排放量减少的目标，进而缓解生产活动对生态环境的压力。由此，本书选择能源效率、工业烟尘达标排放量、工业固体废弃物综合利用量、工业废水达标排放量、城市生活垃圾无害化处理率、各地区工业二氧化硫去除量 6 项指标衡量区域生态创新的环境保护效应。

二、区域生态创新指数的测算方法

生态创新的研究涉及经济、技术、社会和资源环境等多方面因素，涉及面广，内容复杂。目前学术界对于区域生态创新水平的量化研究，尚无统一和成熟的方法。投影寻踪法是一种处理多因素复杂问题的统计方法，其基本思路是将高维数据向低维空间进行投影，通过低维投影数据的散布结构来研究高维数据特征，反映各评价因素的综合评价结果。该方法根据样本资料本身的特性进行聚类和评价，无须预先给定各评价因素的权重，可以避免人为的任意性，且具有直观和可操作的优点。[①] 为涉及多个因素的区域生态创新水平综合评价提供了一条新途径。本书采用投影寻踪分类法（Projection Pursuit Clustering，PPC）展开我国区域生态创新指数的测算。投影寻踪分类法是一种直接由样本数据驱动的探索性数据分析方法，特别适用于分析和处理非线性、非正态的高维数据。其基本思想是把高维数据投影到低维子空间上，寻找出能反映原高维数据的结构或特征的投影，以达到研究高维数据的目的（Tang Q.Y et al.，2013）。具体测算步骤如下：

首先，由于区域生态创新水平的各测度指标量纲和性质不同，在综合评价前需要对各指标进行归一化处理。具体计算公式为：

$$x(i, j) = \frac{x^*(i, j) - x_{\min}(j)}{x_{\max}(j) - x_{\min}(j)} \qquad (2-1)$$

式（2-1）中，$x^*(i, j), i = 1, \cdots, n; j = 1, \cdots, p$，为第 i 个样本的第 j 个评价指标值，n 和 p 分别为样本的数目和评价指标的数目。$x_{\max}(j)$ 和 $x_{\min}(j)$ 分别为样本中第 j 个评价指标的最大值和最小值。

其次，构造区域生态创新指数测算的投影指数函数。投影寻踪就是将区域生态创新指数测算指标的 p 维数据 $x(i, j), j = 1, \cdots, p$ 综合成 $a = [a(1), a(2), a(3), \cdots, a(p)]$ 为投影方向的一维投影值 $z(i)$。$z(i)$ 的计算公式为：

---

①　唐启义：《DPS 数据处理系统》（第三卷专业统计及其他），科学出版社 2014 年版，第 1231 页。

$$z(i) = \sum_{i=1}^{n} a(j)x(i,j), \quad i = 1,\cdots,p \qquad （2-2）$$

式（2-2）中，a 为投影方向。在运用投影寻踪模型区域生态创新指数对进行投影时，要求区域生态创新水平投影值 $z(i)$ 满足各项评价指标在局部中投影点尽可能密集和在整体上投影点团之间尽可能散开两个特征。基于此，区域生态创新指数测算指标的投影指数函数可构造为：

$$Q(a) = S_z D_z, \quad S_z = \sqrt{\sum_{i=1}^{n} z(i) - \overline{z} \Big/ (n-1)} \qquad （2-3）$$

$$D_z = \sum_{i=1}^{n}\sum_{j=1}^{n}(R - r_{ij})u(R - r_{ij}), \quad r_{ij} = |z(i) - z(j)| \qquad （2-4）$$

式（2-3）中，a 为单位长度向量，S_z 为投影值 $z(i)$ 的标准差，D_z 为投影值 $z(i)$ 的局部密度，$\overline{z}$ 为序列投影值 $z(i)$ 的均值，R 为局部密度的窗口半径，r_{ij} 为样本间距。$u(t)$ 为单位阶跃函数，当 $t = (R - r_{ij}) \geqslant 0$ 时，其函数值为 1，当 $t < 0$ 时，函数值为 0。

再次，优化区域生态创新指数测算的投影指标函数。对于既定的区域生态创新指数测算指标体系和指标值，区域生态创新指数测算指标的投影指标函数 $Q(a)$ 只随投影方向 a 的变化而变化。不同的投影方向反映不同的数据结构特征，最佳投影方向就是最大可能暴露高维数据某类特征结构的投影方向。因此，区域生态创新指数测度的优化目标函数可设计为：

$$\max Q(a) = S_z D_z, \quad \text{s.t.} \sum_{j=1}^{p} a_j^2 = 1, \quad a_j \geqslant 0 \qquad （2-5）$$

由于投影寻踪最佳投影方向的计算是一个复杂非线性优化问题，

用传统的优化方法处理困难。因此，本书采用复合单纯形法来寻找最佳投影方向。

最后，计算综合得分。根据第三步计算得出区域生态创新指数测算指标值的最佳投影方向 a，并将其代入公式（2-2）从而得到区域生态创新指数的投影值 $z(i)$，即区域生态创新指数测算的最终结果。

第三节　我国区域生态创新水平的空间分布

一、区域生态创新发展水平测算的数据来源

根据上述投影寻踪评价模型的基本步骤，运用 DPS（Data Processing System）（Tang，2014）对 2000—2014 年中国 30 个省区市生态创新指数进行测算。在运用 DPS 寻求最优投影方向时，将各指标数据均进行平方根转换，并将密度阈值设定为 0.10。各地区生态创新指数测算指标的基础数据主要来自于 2000—2015 年的《中国统计年鉴》《中国环境统计年鉴》《中国科技统计年鉴》《中国工业企业科技活动统计年鉴》及中国 EPS 数据平台、中国国务院发展研究中心统计数据库。需要说明的是，由于西藏、香港、澳门、台湾和内地省区市缺少可比性，本书在选择观测样本时将以上省区删除。对于个别指标所缺失的数值，本书运用均值法进行了修补。

二、区域生态创新发展水平的空间状态

表 2—2 的数据展示了我国区域生态创新指数的测算结果。2000—2014 年，中国各省区市的生态创新指数均呈现了明显的提高趋势，但存在明显的区域差异。一方面，全国各地区生态创新指数年

度均值的排序情况显示，山东的生态创新指数最高，达到了 33.25，而宁夏的生态创新指数最低，仅为 16.68。另一方面，从三大区域^①之间生态创新指数的差值来看，东部和西部生态创新指数年均值相差 5.71，东部和中部地区相差 3.84，而中部和西部地区之间相差 1.90。显然，东部地区生态创新水平最高，中部次之，西部最低，区域生态创新水平呈现较为明显的自东向西逐渐降低的梯度分布格局。

此外，从三大区域内部的情况看，东部地区各省份生态创新指数较高，省区市之间差距较小；中部地区各省之间却存在较为明显的差异。其中，河南省生态创新指数均值分别为 28.09，居于中部地区首位，而江西、山西两省生态创新指数均值为 21.59 和 21.43，排名处于中部地区末位，这两个省份与河南省生态创新指数的年均值分别相差 6.50 和 6.66，超过了东部与西部地区的差值。可见，中部地区生态创新指数存在了两极分化的发展趋势。西部地区各省份生态创新指数均较低，但和东部地区相似，省区市之间差距也相对较小。

表 2—2   我国区域生态创新指数测算结果

	2000	2002	2004	2006	2008	2010	2012	2014	平均值	排序
山东	28.70	29.89	31.39	32.96	34.35	35.35	36.52	36.94	33.25	1
江苏	26.70	28.64	30.47	32.49	34.15	35.53	34.35	37.50	32.79	2
广东	27.72	28.80	30.10	32.20	33.44	32.49	34.15	36.30	32.45	3
浙江	25.17	26.66	28.71	30.50	32.18	32.96	34.26	34.69	30.66	4
北京	26.16	26.97	28.34	30.15	31.02	32.05	33.22	34.04	30.30	5
上海	25.29	25.97	27.55	29.03	30.16	31.26	31.78	31.78	29.10	6

---

① 按照通用的中国区域划分方法，将中国 30 个省区市划分为东部、中部和西部三大区域。东部包括北京、天津、河北、辽宁、上海、江苏、浙江、福建、山东、广东和海南；中部包括山西、吉林、黑龙江、安徽、江西、河南、湖北和湖南；西部包括广西、重庆、四川、贵州、云南、陕西、甘肃、青海、宁夏、新疆和内蒙古。

续表

	2000	2002	2004	2006	2008	2010	2012	2014	平均值	排序
福建	23.01	24.77	26.23	27.60	28.84	30.14	32.00	32.38	28.23	7
河南	23.48	24.04	25.29	26.98	29.03	30.14	32.53	33.42	28.09	8
辽宁	24.91	25.58	26.34	27.35	28.58	29.54	30.62	30.73	27.96	9
陕西	22.85	23.66	24.99	26.43	27.92	30.07	30.97	31.69	27.30	10
黑龙江	23.90	24.48	24.82	26.24	27.45	28.88	29.69	30.37	26.98	11
湖南	22.60	23.24	24.46	24.96	27.56	29.18	30.89	31.81	26.83	12
广西	21.46	22.81	23.53	24.71	26.55	28.19	30.35	31.90	26.17	13
天津	21.24	23.64	24.16	25.55	26.23	27.57	29.03	29.54	25.99	14
河北	20.93	21.82	23.24	24.81	26.82	27.87	28.58	28.58	25.35	15
湖北	20.99	22.24	22.91	24.51	26.12	27.48	28.59	29.04	25.26	16
安徽	19.96	20.97	22.17	23.90	25.90	27.56	29.93	31.14	25.15	17
贵州	20.12	21.05	23.62	24.05	24.44	25.47	27.26	28.50	24.36	18
云南	20.50	20.85	22.28	23.36	24.75	25.87	27.26	28.55	24.06	19
重庆	17.59	19.78	21.06	22.49	23.72	25.94	28.77	29.92	23.71	20
四川	20.08	20.88	21.31	22.50	24.19	25.30	27.14	28.02	23.66	21
吉林	19.58	20.60	21.59	23.42	24.18	25.19	26.56	27.22	23.65	22
新疆	18.10	18.93	21.23	22.03	23.93	25.20	26.41	27.43	22.91	23
内蒙古	16.36	18.31	20.13	23.02	23.93	25.71	25.67	27.15	22.65	24
青海	18.72	18.68	19.90	21.54	23.40	24.49	26.49	27.95	22.56	25
江西	16.81	17.57	18.96	20.85	23.24	24.32	25.22	25.25	21.59	26
山西	17.63	18.24	18.38	19.60	22.12	23.24	25.96	26.52	21.43	27
海南	15.16	16.77	17.77	18.82	20.44	21.92	23.60	24.25	19.74	28
甘肃	15.32	15.87	17.68	18.34	18.35	20.39	21.72	22.22	18.70	29
宁夏	13.26	13.88	13.93	15.29	16.90	19.11	20.10	21.32	16.68	30
东部地区	24.09	25.41	26.75	28.31	29.66	30.86	32.00	32.43	28.71	1
中部地区	20.62	21.42	22.32	23.81	25.70	27.00	28.67	29.35	24.87	2
西部地区	18.58	19.52	20.88	22.16	23.46	25.07	26.56	27.70	22.98	3
东一西差距	5.51	5.89	5.88	6.15	6.20	5.80	5.44	4.73	5.74	1
东一中差距	3.47	3.99	4.43	4.51	3.96	3.86	3.33	3.08	3.84	2
中一西差距	2.04	1.90	1.44	1.65	2.24	1.93	2.11	1.65	1.90	3

三、区域生态创新发展水平测度的稳健性检验

为了保障计算结果的可靠性进而控制区域生态创新评价结果的不确定性，本书运用所设计的指标体系及其相关统计数据，运用熵权法（EW）对我国区域生态创新指数进行了再次测度，并运用投影寻踪法（PPC）和熵权法（EW）对我国区域生态创新指数进行了比较。结果显示，相对于 PPC 法的结果，在基于 EW 法的区域生态创新指数的排序中，陕西、黑龙江、贵州、湖北、内蒙古等五个省份的生态创新指数排序出现了下降，而河北、四川、江西和山西四省的生态创新指数排序有所提高。总体而言，在基于上述两种测算方法所计算的生态创新指数排序中，排序靠前的省份均为山东、江苏、广东、浙江、北京、上海等东部发达省份，而排序靠后的均为新疆、青海、海南、宁夏等欠发达省份，其余 11 个省份的排序也并未发生明显变化。进一步地，通过比较东、中、西三大区域之间生态创新指数的差值分布发现，区域生态创新水平自东向西逐渐降低的梯度分布格局也未发生变化。这表明，基于 PPC 方法所测算的我国区域生态创新指数具有较强的确定性。这进一步证实了前文所选择的生态创新测度指标具有的合理性和可靠性。

第四节　区域生态创新水平影响因素的实证研究

进入 21 世纪以来，我国依靠低成本要素驱动，快速成为全球制造业中心。尽管为应对世界经济增长放缓以及经济进入深度调整期带来的双重压力，各级政府出台了一系列区域创新政策，推动区域发展从数量、速度型向质量、效益型转变，但一些地区仍存在产业层次

低、价值链条短、自主创新能力薄弱等"创新断层"的深层次矛盾。系统性解读影响区域生态创新的因素，将为新常态下我国科学地推进创新驱动战略，实现经济增长动力的转换和经济发展方式的转变提供必要的理论依据和实践证据。

一、区域生态创新影响因素分析的理论背景

创新活动的实施和创新成果的运用受制于创新链上协同共生的各种因素的作用。自伦宁斯（Rennings，2000）提出生态创新三大决定性因素的观点以来，技术推动、市场拉动和环境管制推动（Horbach，2008；Ghisetti & Quataro，2013；Rennings & Rexhäuser，2011）因素对生态创新的影响不断受到关注，已有研究为人们理解生态创新提供了理论基础，为展开区域生态创新影响因素的分析提供了系统框架。当然，需要指出的是，既然生态创新是一个多因素交织而形成的复合系统，那么，在创新因素存在空间差异的背景下，生态创新水平可能会产生空间异质性。在我国广袤的国土空间内承载着极不平衡的资源禀赋和人口规模，经济、社会、科技发展水平和地方政府生态环境管理价值倾向上的区域差异，使区域生态创新的影响因素存在明显的地域性特征，进而导致区域生态创新活动在动机、过程和结果上产生分异。因此，本书从技术推动、市场拉动、环境管制推动三个维度出发，来解析这些因素对我国区域生态创新水平的影响。

（一）技术推动因素

罗默（Romer，1990）在其内生增长理论（Endogenous Growth Theory or New Growth Theroy）中指出，新思想和新技术来源于R&D活动的投入及其知识存量的有效利用。若把创新看成是研究、开发、

生产、销售的一个线性过程，那么一个地区生态创新水平的高低，必然取决于支撑创新活动 R&D 的投入规模（Horbach，2008）。当然，创新活动并不是一个封闭系统。在开放经济条件下，由于资本和技术的国际流动，一个国家和地区技术能力的提升，既可能源于内部技术研发，也可能源于外部技术获取（Baumol，2002）。刘和巴克（Liu & Buck，2007）的研究表明，内在创新能力和国际技术溢出的"耦合"是影响创新绩效的关键性因素。因此，区域生态创新首先需要从事产品生产和服务供给的企业，通过增加创新投入而具备用于新产品和新工艺的实物资本和知识资本。在此基础上，通过不断引进外部资本和技术，形成独有的技术消化能力。

（二）市场拉动因素

本书将生态创新的市场拉动因素分解为需求拉动因素和竞争拉动因素。市场需求对生态创新具有重要的拉动作用。当然，市场需求对生态创新的拉动作用具有特殊性，即市场需求对生态创新的拉动作用依赖于消费者需求的生态化转变，只有当市场对环境友好型生产技术、工艺和产品增加了消费者额外的生态需要时，生态创新才具备触发性条件而产生积极作用（Kammerer，2009）。随着公众环境意识的觉醒和收入水平的提高，改善环境质量已经成为最为直接和现实的生态需求。与此同时，随着经济对外开放度的持续提高，国际性制度压力与积极环境行为对产品生产产生了严格的强制性压力（Zhu et al.，2012），进而可能从国外需求层面影响生态创新。此外，对于区域经济系统而言，随着专业化和市场一体化进程的发展，市场竞争及其所催生的公正的市场竞争机制，可能为生态创新提供了规范的交易法则和收益预期，进而转换成生态创新的动力。

（三）环境管制推动因素

环境管制与生态创新的关系是富有争议性的问题。新古典经济学认为，环境管制无法避免地额外增加了企业的生产成本，降低了企业的竞争力，进而对经济增长产生负面作用（涂正革，2015），甚至有学者认为环境管制与绿色工艺创新并没有显著的关系（Becker，2011），并且在激烈的市场竞争中，由于环境管制增加了企业的成本支出，反而会妨碍企业开展创新活动，可能导致本国企业向环境管制较宽松的国家转移。然而，迈克尔·波特（Porter M.，1991）、迈克尔·波特和温德林德（Porter M.& ven der Linde，1995）、安贝和巴拉（Ambec & Barla，2002）等提出的"波特假说"认为，合理而严格的环境管制可以促使企业进行更多的创新活动以提高企业的生产率和竞争力，创新补偿可以部分或全部弥补由环境保护带来的额外成本。后续的一些研究表明，严格的环境管制对生态创新具有积极作用，并且，当环境管制在受到全球需求和规制趋势支持时，能够导致市场创新（Beise & Rennings，2005）。此时，企业为降低环境管制带来的运营成本，会通过技术和工艺创新来改进原有的环境损害型生产方式，从而降低生产成本和污染物的产生（Lee et al.，2011）。因此，有必要检验环境管制对我国区域生态创新水平的影响。

二、区域生态创新影响因素分析的模型设计

根据面板数据模型的建模思想，本书所设定的计量模型如下：

$$\ln EI_{it}=C+\beta_1 \ln RD_{it}+\beta_2 \ln FDI_{it}+\beta_3 \ln PCI_{it}+\beta_4 \ln NE_{it}+\beta_5 \ln PDF_{it}+u_{it}+v_{it}$$

$$（2-6）$$

公式（2-6）中，EI 为生态创新水平，用前文计算得出的我国

区域生态创新指数来加以衡量，i 和 t 分别代表省份和年度。另外，$R\&D$ 在促进生态创新的产生和采用中起着举足轻重的作用（Ghisetti 和 Pontoni，2015），鉴于外国直接投资（FDI）可能是最重要最便宜的直接和间接技术转让渠道，允许产业内知识外溢到发展中国家（Blomstrom & Kokko，1997；Damijan，2003），本书选择区域 $R\&D$ 投资和 FDI 作为衡量技术推动因素的变量。$R\&D$ 是内部技术发展的代理变量，用于研究内生的创新能力对区域生态创新水平的影响，而 FDI 则是外部技术获取的代理变量，以及外源技术对区域生态创新的影响。创新的激励取决于收入的分配（Foellmi & Zweimüller，2006），收入是以不同方式影响环境质量的若干不同力量的代表（Islam，1999）。此外，如果企业希望满足国际市场的需求，就需要增加符合国际标准的新产品出口量。新产品的出口收入既能反映当地企业的创新能力和国际竞争力，又能影响企业的发展。通过海外市场来提升生产行为，从而影响区域生态创新。因此在本书中，PCI（地区人均收入）和 NE（新产品出口收入）是用于衡量市场拉动因素指标的变量，因此将 PCI 作为衡量生态创新内部市场需求的代理变量，将 NE 作为衡量外部市场竞争力的代理变量。

不同的环境管制强度测量方法可能导致不同的结论。环境管制是一种社会管理工具，通过制定政策和方法，调整企业的经济活动，同时避免负面影响，实现环境保护和经济发展的双赢目标。因此，区域环境监管力度会随着环境管制成本的变化而发生时空变化（Becker，2011）。在我国，严格的排污税制度已成为环境经济管制的主要形式，这种调节活动使企业生产过程中的环境成本发生内生性转化。随着环境要素成本的增加，技术水平成为调整要素成本与利润函数关系的重要变量。在利润最大化目标的驱使下，企业往往通过增加技术投资来提高生产率，降低环境成本。因此，企业为确保生产的增加，同时降低环境污染水平。本书采用区域排污费（PDF）来衡量区域环境管制的力度。

上述变量的数据主要来自《中国统计年鉴》（2001—2015）、《中国工业和企业科学活动统计年鉴》（2000—2015）、《中国环境统计年鉴》（2001—2015）和中国科学院提供的统计资料。为了控制估计偏差和异方差，比较数据并分析其不同的经济意义，本书选取所有变量的对数，对带有"ln"的变量进行识别。为了避免模型估计中的"伪回归"，在对面板数据进行分析之前，利用 Levin、Lin 和 Chu（LLC）、Im、Pesaran 和 Shin（IPS），ADF-Fisher 和 Hadri LM 的方法对所有变量的单位根进行了检验（见表2—3）。结果表明，所有这些变量序列都是平稳的。因此，可以使用方程（3-6）中设置的模型进行回归分析。

表 2—3　变量的单位根检验结果

方法 变量	Levin, Lin and Chu	Im, Pesaran and Shin Z-t-tilde-bar	ADF-Fisher Chi-square	Hadri LM
$\ln EI$	−6.1665 （0.0000）	−2.0045 （0.0225）	158.5420 （0.0000）	18.2969 （0.0000）
$\ln R\&D$	−5.4553 （0.0000）	−4.0892 （0.0000）	153.2106 （0.0000）	16.3936 （0.0000）
$\ln FDI$	−11.0615 （0.0000）	−5.2797 （0.0000）	178.6082 （0.0000）	11.0014 （0.0000）
$\ln PCI$	−5.9226 （0.0000）	−5.3177 （0.0000）	186.7501 （0.0000）	10.6514 （0.0000）
$\ln NE$	−9.4925 （0.0000）	−7.4383 （0.0000）	205.9894 （0.0000）	6.4441 （0.0000）
$\ln PDF$	−4.1562 （0.0000）	−3.9759 （0.0000）	154.5433 （0.0000）	13.8402 （0.0000）

注：括号内的为 P 值。

三、我国区域生态创新问题影响因素实证结果分析

（一）基于国内总体的估计

根据面板数据回归分析的要求，本书采用随机效应模型和固定效应模型对影响我国生态创新的因素进行了评价。全国与东部、中部和西部地区的生态创新的评估结果如表2—4所示。为了确定回归模型的形式，本书采用 Hausman 卡方统计量对模型进行检验。结果表明，全国、东部地区、中部地区、西部地区，Hausman 卡方统计量分别为7.89、2.73、1.65 和12.25，相应的 p 值分别为0.2466、0.8415、0.8948和0.0567。这些结果在5%的显著性水平上支持了随机效应模型的零假设。因此，本书采用了随机效应模型来估计技术推动、市场拉动和环境管制因素对全国和东部、中部、西部地区生态创新的影响。

结果表明，技术推动、市场拉动和环境管制推动了我国区域生态创新。在技术推动因素方面，内部技术发展（R&D）和外部技术获取（FDI）对生态创新的正向影响系数分别为0.0535 和0.0086，说明内部技术研发与外部技术获取都有助于提高我国区域生态创新水平。这些结果与霍尔巴赫（2008）的结论一致，即"通过提高技术能力（知识资本）触发生态创新"。当然，作为一个特殊的供给因素，外部技术的获取在我国的生态创新中也扮演着重要的角色（Horbach et al.，2012）。

从市场拉动因素来看，内部市场需求（PCI）和外部市场需求（NE）对生态创新具有正向影响，相关系数分别为0.0917 和0.0018。这些结果支持了消费者可以推动创新的观点（Brohmann et al.，2009；Vanden Bergh，2008）。由于消费者愿意为一些环保产品，如，绿色能源或新材料等支付额外费用意愿的增加，生产者有了可观的客户利益

（Horbach & Rennings，2013）。随着生态环境的恶化，人们对生态产品和服务的支付意愿越来越高，以确保自身的健康效益。因此，随着人均收入的提高和新产品出口贸易的增加，国内人民和国际竞争市场对环境质量需求的增加成为我国生态创新的重要动力因素。

在环境管制推动方面，我国的环境管制对区域生态创新的影响系数为 0.0237，呈现显著的正相关性，这说明我国政府系统在生态创新中发挥了重要作用。环境管制程度越强，生态创新水平就越高。这个结果表明，环境管制成为生态创新日益重要的推动力。在重点控制我国污染源的背景下，如何在节约成本和监管推动形成环境管理系统的基础上引进有利于我国生态创新的清洁技术就十分重要。随着 2015 年修订的"环境保护法"的实施，新的环境法规指南对提高能源资源利用效率、减少温室气体排放、改善循环利用、减少水和土壤的污染具有深远的现实意义（Khanna et al.，2009），这将有利于促进我国的生态创新。

表 2—4　我国生态创新影响因素的估计结果

模型变量	全国总体		东部地区		中部地区		西部地区	
	固定效应	随机效应	固定效应	随机效应	固定效应	随机效应	固定效应	随机效应
$\ln R\&D$	.0493 （0.000）***	.0535 （0.000）***	.0617 （0.000）***	.0679 （0.000）***	.0586 （0.000）***	.0603 （0.000）***	.0531 （0.000）***	.0566 （0.000）***
$\ln FDI$	.0077 （0.009）***	.0086 （0.003）***	.0341 （0.057）*	.0364 （0.069）*	.0212 （0.000）***	0.0212 （0.000）***	−.0053 （0.217）	−.0046 （0.290）
$\ln PCI$	.0993 （0.000）***	.0917 （0.000）***	.08353 （0.056）*	.0898 （0.092）*	.1798 （0.001***	.1770 （0.001）***	.1283 （0.000）***	.1232 （0.000）***
$\ln NE$	.0020 （0.023）**	.0018 （0.081）**	.0157 （0.000）***	.0157 （0.000）***	.0003 （0.927）	.0004 （0.902）	.0029 （0.180）	.0023 （0.290）
$\ln CDP$	.0242 （0.000）***	.0237 （0.000）***	.0690 （0.072）*	.0696 （0.048）**	.0398 （0.077）*	.0394 （0.082）*	.0280 （0.000）***	.0272 （0.000）***

续表

模型变量	全国总体		东部地区		中部地区		西部地区	
	固定效应	随机效应	固定效应	随机效应	固定效应	随机效应	固定效应	随机效应
Constant	1.8047 (0.000)***	1.8558 (0.000)***	2.2669 (0.000)***	2.3370 (0.000)***	2.0124 (0.000)***	3.2981 (0.000)***	1.5606 (0.000)***	1.6002 (0.000)***
R^2	0.9516	0.9515	0.9535	0.9533	0.9765	0.9765	0.9564	0.9564
Number of obs F	450 138.34 (0.000)***	450	165 53.02 (0.000)***	165	120 182.38 (0.000)***	120	166 167.72 (0.0000)***	166
Wald chi^2		8176.58 (0.000)***		3165.22 (0.000)***		4578.52 (0.000)***		3136.77 (0.0000)***
Hausman chi^2 test	7.89 (0.2466)		2.73 (0.8415)		1.65 (0.8948)		12.25 (0.0567)*	

注：括号内为 P 值*、**和***分别表示统计量在 10%、5% 和 1% 显著性水平下显著。

（二）基于分区域的估计

为了更好地了解影响区域生态创新水平的因素，本书将全国划分为东、中、西三个区域。就技术推动因素而言，在东部地区，内部技术发展（R&D）和外部技术获取（FDI）对生态创新的正向影响系数，分别为 0.0679 和 0.0364。中部地区的系数分别为 0.0603 和 0.0212。在西部区域内，内部技术发展（R&D）系数为 0.0566，而外部技术获取（FDI）影响不显著。这些结果表明，内部技术研发和外部技术获取为我国东部和中部地区的技术发展提供了明显的优势，为地方生态创新提供了必要的条件。改革开放政策的影响以及优越的地理位置、人才和资本的积累，使得东部地区已经具备了能够通过增加科研投入、引进先进技术、有效利用外商直接投资来促进生态创新的产业优势。随着工业化的快速发展和我国中部崛起战略的实施推进，中部地区的技术引进和消化局面正在逐步形成。中部崛起战略、东部地区产业转移、后发优势和资本投资的追赶效应为生态创新注入了活力。在西部地区，虽然内部技术发展（R&D）投资作为技术创新的原动力，但仍对生态创新产生了积极的影响。由于资金和人才的限制，这一地区的技术引进能力较弱。此外，外商直接投资及其技术溢出效应仍然不显著。内在创新能力不足与外部技术获取薄弱形成了区域生态创新的双重限制。

就市场拉动因素而言，其结果与全国层面的估计结果相似。内部市场需求（PCI）对生态创新有着重要而积极的影响。东部地区的系数为0.1898，中、西部地区的系数分别为0.1770和0.1232。随着人均收入的增加，人们普遍对环境质量提出了更高的要求，因此市场需求对技术研发、工艺改造、生产创新、生态环境控制等方面的作用日益突出。同时，人均收入水平对东部和中部地区的生态创新有显著的影响，而西部地区的人均收入水平对生态创新的影响较弱。造成这一结果的原因是，在经历了长期的物质资本和人力资本积累之后，发达地区，如中部和东部地区的人均收入迅速增长，其结果是由于有更多有利条件的影响，如地理位置、开放政策、国家发展战略、劳动力迁移、城市化和国家政策调整，人们对更好的自然环境和更多的生态产品产生了更大的市场需求，从而使这些地区在消除要素依赖和推动创新发展方面具备更强的能力。然而，在经济发展相对落后的西部地区，地方政府更加重视经济增长目标，而增加人民所期望的收入和控制生态环境退化并没有得到太多的关注。特别是进行资源开采、冶炼和制造且发展迅速的工业部门，缺乏旨在加速生态创新技术研发和控制环境退化的行动。外部市场需求对生态创新的影响也存在区域差异。外部市场需求（NE）的估计系数在东部地区为0.0157，在中部和西部地区不明显。笔者认为，这种结果之所以出现，是因为在产品出口和国际贸易活动中已经增加了严格的国际环保法规。随着东部地区国内产品加工的国际化，外部市场需求的变化对区域生态创新产生了激励作用。

表2—4还显示了环境管制的力度如何影响了这三个地区的生态创新。估计结果表明，在东部地区，区域排污费（PDF）对生态创新的影响系数是0.1232，中部地区是0.0394，西部是0.0272。可见，环境管制在中部地区生态创新中的作用最大，在东部地区的作用次之，而在西部地区的作用最小。这一结果形成的原因在于，在东部地区，随着长期的技术创新和产业结构的升级，许多企业拥有了基础设施，达到了政府制定的环境管制标准，因此，他们缺乏外部动力来激励他们进一步进行生态创新。在不增加生产成本的前提下缓解环境管制力度，东部地区进一步提高生态创新水平的可能性低于中部地区。在中部地区随着工业化进程的加快和由此出现的生态问题，政府管理在治理环境方面取得了良好的成绩，提高了区域生态创新水平。相比之下，在西部地区，虽然环境管制对生态创新产生了一定的影响，但环境监管力度仍然相对较弱。环境成本占生产总成本的比例较低，企业缺乏管理体制机制的创新及相关动机，这就是环境法规对生态创新的影响急剧下降的原因。这在一定程度上反映了中国西部一些省份的一些企业在避免环境投资的同时盲目追求资源红利的现实，同时也反映了政府未能管理好环境治理和经济发展模式的问题。

（三）简要的结论与启示

总之，随着我国经济增长的放缓和经济结构的优化，区域生态创新受到越来越多的关注。通过重新构建区域生态创新指数，本书调查了 2000—2014 年中国 30 个省份的生态创新发展状况。本书在面板数据模型分析的基础上，考察了我国生态创新影响因素之间的区域差异。经过分析得出三个结论。第一，在可持续发展和生态文明建设的背景下，我国生态创新的总体水平在各省之间呈现出增长趋势。从区域生态创新指数来看，东部地区的生态创新水平最高，中部地区次之，西部地区最低，区域生态创新水平呈现出明显的梯度格局，即由东向西呈现出由高到低的格局。第二，从国家角度分析影响生态创新的因素来看。技术推动因素，包括内部技术研发和外部技术获取，有利于我国区域生态创新；市场拉动因素、内部市场需求和外部市场竞争对生态创新有积极的影响；环境调控拉动因素，即环境管制强度在生态创新中已经发挥了重要作用。第三，在比较影响生态创新的区域因素中，笔者发现在中部和东部地区实现生态创新的过程中，技术推动、市场拉动和环境管制等因素都有着重要的影响。

在上述结论的基础上，本书得出如下启示：

第一，立足于国内和国际市场需求的民生效益，通过鼓励技术、装备和生产流程的改进与转型，促进区域生态创新。通过经济政策，如财政和税收政策，在企业进行设备和流程升级的过程中，地方政府应加大环保投入，鼓励财政机构采取绿色金融政策，加强对企业绿色项目的信贷支持。此外，地方政府还应积极引导和支持各种产业示范基地建设，把科技创新示范企业、企业技术中心和具有较强科技创新能力的合格中小企业确定为"高新技术企业""中小型科技型企业"等并使它们享受国家和地方优惠政策。在区域战略性新兴产业和轻工业企业方面，政府应为其转型、升级、创新和发展提供财政支持，并将品牌建设、外贸发展、技术改造列为优先事项，鼓励生态创新的公共服务平台建设。挖掘内生创新潜力、扩大创新规模、提升研究开发效率、提高外部技术获取（FDI）水平是促进我国区域生态创新的基本政策取向。

第二，作为宏观调控者，政府在推进生态创新实践中发挥着至关重要的作用。因此，中央政府和地方政府应该大力建立健全有效的生态创新政策。要根据东、中、西部各省的资源禀赋、环境容量、技术水平来制定有关资源节约与污染排放的政策，确定生态文明发展的新阶段，而不是"一刀切"。地方政府需要探索更合适的政策工具、组织设计和管理模式，这对于进一步改善环境监管、激励机制创新和自觉采取渐进污染保护措施有着十分重要的意义。特别是要鼓励宁夏等生态创新水平较低的西部地区企业引进重要的先进技术，如二氧化碳回收利用技术、重金属污染控制技术、冶金固体废物综合利用技术、工业废水处理系统技术等，并在"一带一路"合作发展中引进有助于进行污染控制和环境保护的新兴产业、新能源和新材料，努力推进重大工程建设。此外，欠发达地区的政府要大力支持合格企业"走出去"，充分利用两个市场和两个资源，并通过建立研究开发机构，扩大营销网络，开展对外加工贸易，积极承接海外工程项目，发展与国外的技术合作，增强同"一带一路"沿线国家的国际竞争力。同时，这些地区应进一步提升和细化节能减排标准，在节能与环保方面加强合作。扩大循环经济产业链，创新清洁区域生产，建立示范性生态工业园区，转变产业结构，培育绿色企业，促进循环经济发展。

第三，在推进区域创新与协调发展的背景下，东中西部地区应充分发挥自身的特色和优势。为了在技术研发、工艺改进、产品供应技术、市场机制等方面提高劳动、信息、知识、技术、管理和资本的效率和效益，我国中央政府应与中西部经济技术开发区建立战略合作或联盟，进一步引导和支持中西部地区，并与东部各省的工业园区开展工业项目对接，形成共建共享同向同行的机制。同时，国家应继续促进传统产业转型升级并成为支柱产业，同时积极发展新产业，突出特色优势产业，建设重点基地。鼓励企业西进，增加西部地区的产品进出口。建立健全中西部地区国家和省级的财政和人力资源政策，完善支持产业转移的生态创新政策。通过克服地方保护主义，打破行政区划，促进科技与经济的紧密结合，促进创新产品、创新项目的联合生产。区域合作有利于增强区域生态创新的基础优势，有利于不同区域因地制宜地进行生态创新，共同构建适应需要的跨区域生态经济创新体系，这是提高我国生态创新整体水平的重要方向。

经过 21 世纪以来近 20 年的快速发展，市场驱动资源、能源、矿产、劳动力、技术和资金等生产要素在我国范围内流动，资源配置的结果打破了改革开放以前生产要素分布相对均衡的状态。从全国范围来看，生产要素从中、西部流动向东部，并形成集聚区域；从区域范围来看，生产要素流向区域内部创新较为活跃的城市群或城市群带；从省域层面来看，生产要素集聚在各省的省会城市或省会的副中心城市。我国的生态文明建设刚刚起步，在追求以 GDP 为中心的发展方式转轨到以人民为中心的发展方式的过程中，我国生态文明建设必须面对各区域之间经济社会发展不同步、不平衡、不充分的客观现实。在充分考虑我国国情、区域以及各省经济、社会发展阶段和政策状况的基础上，谨慎权衡区域之间在经济、社会发展和政策目标之间的冲突和矛盾，从而选择可行路径，采用循序渐进的发展方式推动我国生态文明建设。说到底，对区情、省情进行诊断和成因识别是启动我国生态文明建设的前提，生态文明区域协同是整体推进生态文明建设的主要路径。

第三章　我国生态文明区域协同发展的影响因素及作用机理

随着区域一体化进程的深化，我国经济发展中生产要素的流动和商品贸易技术的扩散不断增强，支撑区域生态文明建设的资源、环境、经济、社会、制度等子系统的开放性也不断提高，区域生态文明发展的空间溢出效应对相邻区域生态文明建设的影响也由此产生。在不完全竞争和政府权力分层分级的现实条件下，一个地区生态文明水平的提高将通过市场和政策的外部性发挥出两个方面的作用：正向外部性且影响力大的地区会在促进本地区生态文明发展的同时，促进周边区域生态文明水平的改善，并形成互惠共荣的良性循环累积效应；负向外部性大的地区，则会通过经济与生态环境行为的空间溢出效应造成周边地区承担负向外部性的社会成本，从而造成区域生态文明建设过程的恶性循环，形成生态文明的区域边界。在"创新、协调、绿色、开放、共享"这一新发展理念的指导下，我国越来越注重区域之间在生态文明建设领域的协调协作，一幅兼具区域特征和跨区域协同发展的生态文明建设新图景正在逐渐形成。科学推进我国生态文明区域协同发展，需要准确把握生态文明区域协同发展的格局演变，系统阐释生态文明区域协同发展的空间效应，深入揭示其影响因素和作用机理。这些关于生态文明区域协同发展空间效应的规律性认识，将为构建生态文明区域协同发展的实现机制、完善生态文明区域协同发展的政策支持提供理论启示。

第一节　生态文明区域协同发展的空间格局演变

生态文明区域协同发展，描述的是生态文明建设过程中区域之间发挥既定的资源、环境、经济、社会等比较优势而展开分工协作互助互融优势互补的过程与状态。因此，要把握生态文明区域协同发展的空间分布状况，除了在前文所展开的生态文明发展水平测度及其空间呈现之外，更为重要的是，需要人们准确深刻把握区域之间生态文明发展的相互影响状态及其内在规律。为此，本书首先从空间视角引入区域生态文明指数空间联系变量，侧重考察生态文明的空间变化及其对生态文明区域协同发展的影响。以我国 30 个省域作为空间样本，运用趋势面、引力模型和探索性空间数据分析法，探析生态文明区域发展水平的空间分布特征、解析生态文明区域协同发展的空间网络结构和空间关联格局，构建生态文明区域协同发展影响因素的空间计量模型，揭示我国生态文明区域协同发展的影响因素和形成机理。

一、生态文明发展的空间格局分析方法

（一）区域生态文明的势能与趋势分析方法

生态文明协同势能旨在测度某一地区与全国所有区域的空间联系总量，而任意两地间的空间联系主要在要素区域流动等空间作用下形成。一般来说，一个区域的生态文明协同势能越大，其中心地位相对

越高，其空间辐射能力也相对越大。国内外研究普遍采用的主流方法是利用引力模型理论来模拟推算空间联系，这种方法被广泛应用于金融、经济、创新、生态等领域的空间联系测算研究。[1] 因此，本书借鉴引力模型测度生态文明协同空间联系，具体如式（3-1）和式（3-2）所示：

$$IG_{ij} = \frac{I_i \times I_j}{d_{ij}^{\,b}} \qquad\qquad （3-1）$$

$$IP_i = \sum_{i \neq j} IG_{ij} \qquad\qquad （3-2）$$

式中，IG_{ij} 表示两区域间生态文明协同空间联系强度；I_i 和 I_i 表示区域 i 和区域 j 的生态文明指数；d_{ij} 为两区域间距离，本书采用省会城市间直线距离；b 为距离摩擦系数，参考前人经验，分别取 1 和 2 时可以近似地揭示国家尺度和省区尺度的区域体系空间联系状态，由于本文研究为国家尺度，故 b 值取 1。式（3-2）的 IP 定义为生态文明协同势能，用来度量该区域与其他所有区域间的生态文明协同空间联系总量。一般来说，某区域生态文明协同势能越大，中心地位相对越高，其空间辐射能力也相对越大。

运用趋势面具象描述生态文明指数总体分异状况，能直观模拟出生态文明指数在不同区域空间上的分布规律和变化趋势。[2] 假设

---

① 傅帅雄、罗来军：《技术差距促进国际贸易吗？——基于引力模型的实证研究》，《管理世界》2017 年第 2 期。余淼杰：《发展中国家间的民主进步能促进其双边贸易吗——基于引力模型的一个实证研究》，《经济学（季刊）》2008 年第 4 期。张静、武拉平：《中国与"一带一路"沿线国家贸易成本弹性测度与分析：基于超对数引力模型》，《世界经济研究》2018 年第 3 期。张静、武拉平：《中国与"一带一路"沿线国家贸易成本弹性测度与分析：基于超对数引力模型》，《世界经济研究》2018 年第 3 期。焦鹏飞、张凤荣、李灿：《基于引力模型的县域中心村空间布局分析——以山西省长治县为例》，《资源科学》2014 年第 1 期。

② 徐维祥、齐昕、刘程军：《企业创新的空间差异及影响因素研究——以浙江为例》，《经济地理》2015 年第 12 期。李强、王士君、梅林：《长春市中心城区大型超市空间演变过程及机理研究》，《地理科学》2013 年第 5 期。吕海萍、池仁勇、化祥雨：《创新资源协同空间联系与区域经济增长——基于中国省域数据的实证分析》，《地理科学》2017 年第 11 期。

$Z_i(x_i, y_j)$ 为区域 i 的生态文明协同水平，(x_i, y_j) 为平面空间坐标，根据趋势面技术公式可知：

$$Z_i(x_i, y_j) = T(x_i, y_j) + \varepsilon_i \qquad （3-3）$$

式中，$T(x_i, y_j)$ 为趋势函数，表示大范围内的趋势值 ε_i 为自相关随机误差，表示第 i 个区域生态文明协同真实值与趋势值之间的偏差。本书根据历年的我国各省域生态文明指数和地理位置，借鉴前人相关研究经验，简单采用二阶多项式趋势函数计算生态文明协同趋势值，即：

$$T(x_i, y_j) = \beta_0 + \beta_1 x + \beta_2 y + \beta_3 x^2 + \beta_4 y^2 + \beta_5 xy \qquad （3-4）$$

（二）区域生态文明势能的空间关联分析方法

我国生态文明发展水平存在着空间差异与趋同性，[1] 运用全局和局部 Moran's I 指数能确定其空间集聚和空间交互作用，以此分析生态文明协同空间联系在不同区域的空间关联特征。本书运用探索性空间数据分析法中的全局和局部 Moran's I 指数来分析生态文明同势能全局，Moran's I 指数计算公式如下：

$$MI = \frac{\sum\limits_{i=1}^{m}\sum\limits_{j=1}^{m} W_{ij}(IP_i - \overline{IP})(IP_j - \overline{IP})}{S^2 \sum\limits_{i=1}^{m}\sum\limits_{j=1}^{m} W_{ij}} \qquad （3-5）$$

式中，$S^2 = \dfrac{1}{m}\sum\limits_{i1}^{m}(IP_i - \overline{IP})^2$，$\overline{IP} = \dfrac{1}{m}\sum\limits_{i=1}^{m} IP_i$；$W$ 为空间权重矩阵，采用现有文献中通行的一阶相邻函数矩阵来表示，即相邻区域赋予 1，不相邻的区域赋予 0。全局 Moran's I 指数取值范围为 [-1，1]，通常采用标准化统计量 $Z = [MI - E(MI)] / \sqrt{VAR(MI)}$ 来检验全局 Moran's I 指数的显著性。Moran's I 指数大于 0 且 Z 值显著，则表明生态文明协

---

① 成金华、李悦、陈军：《中国生态文明发展水平的空间差异与趋同性》，《中国人口·资源与环境》2015 年第 5 期。

同势能在我国各区域间为空间正相关；小于 0 且 Z 值显著，则为空间负相关。局部 Moran's I 指数（LISA）能更好地说明生态文明协同势能空间关联的局部特征。局部 Moran's I 指数为正表示生态文明协同势能水平相似的区域聚集在一起，为负表示生态文明协同势能水平相异的区域集聚在一起。具体计算公式如下：

$$LI = (IP_i - \overline{IP})\sum_{j=1}^{m} W_{ij}(IP_j - \overline{IP}) \qquad （3-6）$$

（三）区域生态文明势能的空间网络格局分析方法

我国生态文明建设在不同地区展开，不同地区因资源禀赋、发展方式、文化传统和经济变迁轨迹不同而存在显著差异，各地区生态文明的协同势能在空间上构成了一个相互联系的网络结构。生态文明协同势能在网络上传导，既存在影响周边的扩散效应，又存在网络节点的极化效应，这两种力量共同推进生态文明区域协同演化。社会网络分析方法是从数学方法、图论等发展起来的定量分析方法，被广泛应用在社会经济领域的研究中。社会网络分析方法的核心在于从"关系"的角度出发来研究社会现象和社会结构，其中，社会结构既可以是行为结构、政治结构，也可以是社会结构、经济结构。对本研究而言，各省区市可以被视为生态文明建设网络的节点，不同地区生态文明协同势能可以被视为网络的关联值。因此，为了剖析我国生态文明区域协同的结构特征，本书选取常用的社会网络分析，指标主要有网络密度、聚类系数、特征路径长度、中心度等。[1]

---

[1]　沈丽珍、汪侠、甄峰：《社会网络分析视角下城市流动空间网络的特征》，《城市问题》2017 年第 3 期。朱桃杏、吴殿廷、马继刚：《京津冀区域铁路交通网络结构评价》，《经济地理》2011 年第 4 期。赵映慧、姜博、郭豪：《基于公共客运的东北地区城市陆路网络联系与中心性分析》，《经济地理》2016 年第 2 期。吴威、曹有挥、曹卫东：《开放条件下长江三角洲区域的综合交通可达性空间格局》，《地理研究》2007 年第 2 期。

1. 网络密度

密度是网络分析中最常用的一种指标，用以描述网络中各成员结点之间关联的紧密程度。生态文明势能网络密度可定义为该网络中各省市间实际存在的势能关联之和（即该节点连接的关系数）与可能拥有的理论最大关系数之比，其计算公式为：

$$D - \sum_{t=1}^{n} d_i(c_i) \bigg/ \mathrm{n}(n-1) \tag{3-7}$$

式（4-7）中，n 为地区网络规模即地区个数，$d_i(c_i) = \sum_{t-1}^{n} d_i(c_i, c_j)$；若地区 i 与地区 j 之间生态文明势能有联系，则 $d_i(c_i, c_j) = 1$；若没有联系，则 $d_i(c_i, c_j) = 0$。一般来说，整体网络的密度越大，网络对个体所产生的影响也越大；整体上联系紧密的网络势能为个体提供各种社会资源。

2. 中心度

"权力"是社会学中的一个重要概念，网络视角下权力的界定体现在研究者对权力的各种定量表述上，例如中心度、中心势。中心度是对个体权力的量化分析，而中心势是对群体权力的量化分析。本书主要选取中心度这个指标来分析各个省区市在生态文明势能关联网络中所代表的角色及地位。

度数中心度。如果一个省份的生态文明势能与其他大部分省份都能产生直接关联，则该地区生态文明势能在整个网络中居于中心地位，拥有较大的权力。因此，生态文明地区势能度数中心度可以根据与该地区有直接关系的地区的数目来衡量；度数中心度越高，说明该地区生态文明势能处于网络较为中心的位置。度数中心度计算公式如下：

$$C_D(c_j) = d(c_j) \big/ (n-1) \tag{3-8}$$

中间中心度。中间中心度是测度网络中某一节点对资源控制的程度。如果一个地区的生态文明势能处于通往其他地区生态文明势能的最短途径，该地区生态文明势能就具有较高的中间中心度，在与其他省市进行生态势能关联的过程中起到传递或者中介的作用（"桥梁"）。相对中间中心度的计算公式为：

$$C_B(c_i) = Z\left[\sum_{j<k} g_{ik}(c_i)/g_{ik}\right]\Bigg/\left[(n-1)(n-2)\right]$$ （3-9）

其中，$g_{jk}(c_i)$ 表示包含地区 c_i 的两个地区之间的短程线数目；g_{ik} 表示地区 c_j 与地区 c_k 间存在的短程线数目。

接近中心度。一个非核心位置的省市往往需要通过其他省市的有效连接才能与更多的省市产生联系，因此如果网络中某一个地区的生态文明势能在交流过程中处于整个网络的中心，即不需要通过其他城市的关联就能直接与其他城市产生联系，那么这个地区的生态文明势能就具有较高的接近中心度，意味着该节点越"接近"其他节点，处于网络的中心位置。相对接近中心度的计算公式为：

$$C(c_i) = (n-1)\Bigg/\sum_{j=1}^{n} d_i(c_i, c_j)$$ （3-10）

其中，$d_i(c_i, c_j)$ 表示地区生态文明势能之间的捷径距离（即捷径中包含的线数）。

二、区域生态文明势能的空间演变

（一）我国生态文明势能总体演变特征

我国生态文明势能演变总体上呈现出"东南高，西北低"的空间分异趋势特征，与我国区域经济发展水平有较强的空间关联性。东西方向上，持续呈现自西向东攀升且"东高、西低"的斜线状空间结构，表明我国东部地区的生态文明协同始终显著大于西部地区，而自2010

年后，东部地区上升趋势有所平缓，2016 年左右甚至有所下降。一方面表明东部生态文明协同已达饱和状态，无法持续攀升，而从另一方面也可以看出，我国生态文明正由西向东倾斜的不平衡发展转变为区域协调状态。在南北方向上整体指数也略微有所提高，一直保持倒 U 型空间结构，且自 2010 年来趋势曲线呈北端下降、南端上升态势，意味着我国北部地区的生态文明协同不升反降，而偏南部地区处于增大且高于北部地区态势。

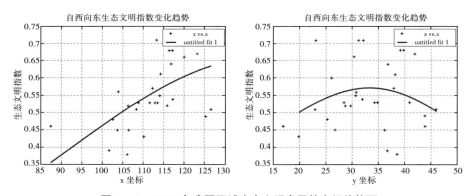

图 3—1　2004 年我国区域生态文明发展的空间趋势面

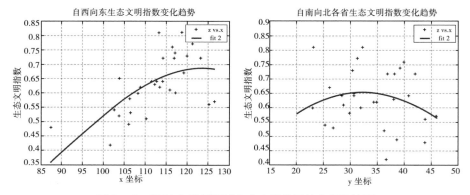

图 3—2　2010 年我国区域生态文明发展的空间趋势面

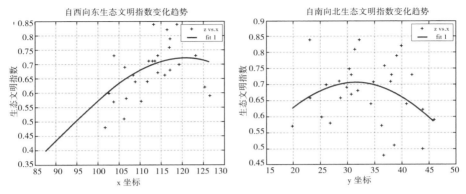

图3—3 2016年我国区域生态文明发展的空间趋势面

综上可见，我国各区域生态文明协同存在较为明显的空间指向性，且这一空间指向性与区域经济发展水平的空间布局较为吻合。生态文明协同这一总体空间动态发展趋势表明：生态文明协同在我国各区域间可能存在着复杂的动态空间联系，这些空间联系并不是随机均匀发生，而是与区域经济发展水平存在着一定的空间关联性。

（二）我国生态文明的区域极化效应趋势

我国生态文明的区域极化效应显著，并开始呈现向周边梯度辐射的趋势。从空间维度来看，生态文明等值线图在空间上表现出显著的极化效应，并呈现"六极三带"的空间格局（如图3—4、图3—5和图3—6）。"六极"分别为：一是南部的广东；二是东部的山东、上海、浙江、江苏；三是华北的北京、天津、河北；四是东北的吉林；五是西南的四川和重庆；六是西北的青海和宁夏。三个极化带则呈现出典型的东部、中部和西部空间梯度分布特征，即从东部向西部，生态文明发展水平逐次下降。"六极三带"的空间格局表明，我国生态文明水平既呈现点状的不平衡，又呈现连片的带状不平衡。由此而衍生出来的问题指向是，我国生态文明建设既要重点关注"六极"中生态文明水平较低的青海与宁夏、四川与重庆这两极形成的机理和内因，又要关注东部、中部和西部三个极化带生态文明水平隔离的区域发展体制和机制等问题。

从时间维度来看，等值线密度围绕"六极"逐渐增大，即"六极"生态文明水平对外辐射能力和向四周辐射的范围增大（如图3—4、图3—5和图3—6所示）。具体而言，广东生态文明水平在华南区位优势明显，对周边的广西、福建、江西、湖南和海南辐射能力增强，从而提高了这些地区的生态文明水平；北京、天津、山东、上海、浙江和江苏生态文明水平一体化程度进一步提高，虽然对周边的辐射能力增强，但是并没有完全发挥生态文明整体水平的优势和辐射功能；吉林省的生态文明水平降低，极化点转向黑龙江省，而辽宁则处于北京、天津极化点的辐射范围，这表明东北三省虽然空间上属于同一个区域，但生态文明水平在一个区域内被割裂；重庆、四川这一个极点生态文明水平和辐射能力增强，对云南和贵州的生态文明建设起到了带动作用，也催化了甘肃、青海、宁夏这一极点的分化和其生态文明

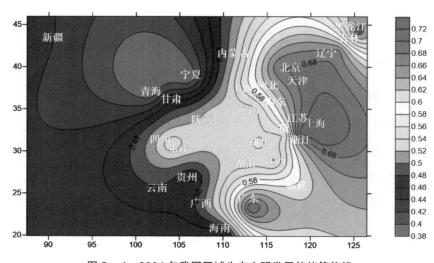

图3—4　2004年我国区域生态文明发展势能等值线

水平提高。由此可以衍生出另外一个问题，即我国生态文明极化地区向周边辐射的能力和带动力逐步增强，从而可以在空间层面上"自组织"地推动生态文明区域协同发展，同时着力加强极化地区生态文明建设的水平和能力，这是我国生态文明建设的主要着力点。

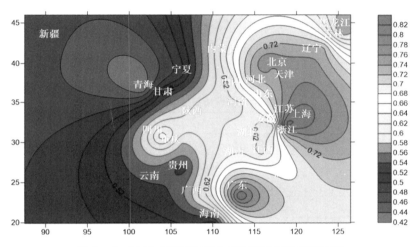

图3—5　2010年我国区域生态文明发展势能等值线

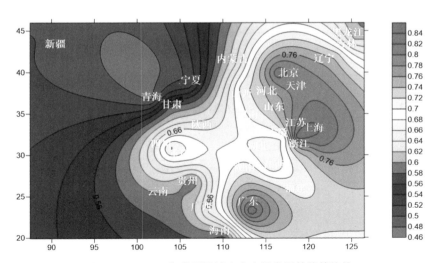

图3—6　2016年我国区域生态文明发展势能等值线

三、区域生态文明势能的空间关联

（一）生态文明区域协同势能的全局相关性

我国生态文明区域协同势能有显著的全局相关性，但是全局相关性在 0.45—0.5 区间内震荡，且有下降趋势，生态文明势能在区域之间的张力没有达到平衡，全国生态文明水平处于非平衡状态向平衡状态渐变演进的过程中。对我国生态文明势能全局关联关系进行了测度，得到 2000—2016 年全局 Moran's I 指数（见表 3—1）。

表 3—1　我国生态文明区域协同发展全局 Moran's I 指数

年份	Moran'sI	Z 值	P 值
2000	0.4696	4.1177	0.0038
2001	0.4697	4.1268	0.0037
2002	0.4737	4.1485	0.0033
2003	0.4763	4.1546	0.0033
2004	0.4887	4.2495	0.0021
2005	0.5010	4.3457	0.0014
2006	0.4907	4.2744	0.0019
2007	0.4866	4.2668	0.0020
2008	0.4594	4.0903	0.0043
2009	0.4742	4.1602	0.0032
2010	0.4586	4.0682	0.0047
2011	0.4712	4.1525	0.0033
2012	0.4670	4.1175	0.0038
2013	0.4606	4.0704	0.0047
2014	0.4564	4.0448	0.0052
2015	0.4644	4.0901	0.0043
2016	0.4553	4.0279	0.0056

注：以上 P 值均能通过显著性水平为 1% 的统计检验。

结果表明，2003—2016 年我国生态文明协同势能在所有年份均呈现了显著的空间正相关性，说明我国生态文明协同势能表现出显著的空间关联现象。从时间维度上来看，生态文明协同势能全局Moran's I 指数值波动平衡在 0.45—0.5 上下，说明我国生态文明协同势能的空间集聚和扩散态势不断交替演变。

（二）生态文明水平的非均衡状态及演变动因

我国生态文明水平的非均衡状态演变过程既来源于生态文明势能区域集聚形成的板块张力之间的摩擦，更来自于不同地区生态文明势能状态的跃迁产生的震荡冲击力，从而形成了生态文明水平区域和整体系统发展的原动力。利用 Moran'I 散点图对我国 30 个省区市进行局部相关性分析，并列出了 2004 年、2010 年和 2016 年这三年的散点图（如图 3—7、图 3—8 和图 3—9 所示）。其中，高—高区域为第一象限，表示生态文明协同势能集聚水平高的区域被集聚水平高的区域包围，低—低区域为第三象限，表示生态文明协同势能集聚水平低的区域被集聚水平低的区域包围。从这三年的散点图分布来看，我国生态文明势能大量分布在第一、三和第二象限。

结合生态文明势能等值线图（见图 3—4、图 3—5 和图 3—6）可以看出，高—高区域集聚的东部地区生态文明水平势能交互作用较为强烈，形成了的生态文明水平较为稳定的板块。2004 年高—高集聚区域主要在北京、天津、安徽、浙江、上海和江苏，说明这几个区域的生态文明协同势能水平较高，对周边区域产生的辐射和吸引能力也较强，显示出显著的空间正相关。2010 年与 2016 年，高—高集聚区域进一步向内部地区拓展并稳定为上海、江苏、浙江、安徽、北京、天津和辽宁几个省份，呈现显著的局部集聚态势。西部地区主要集中在第三象限，即低—低集聚区域，如新疆、云南、贵州和广西等地区，这些地区生态文明协同势能水平较低的板块，彼此之间交互作用较弱，生态文明势能对周边区域产生的辐射和吸引能力不强。需要激活这些地区生态文明协同势能，推动这些地区提升生态文明水平。中部地区则主要集中在第二象限，呈现高低集聚趋势，形成了生态文明协同势能热冷集聚不稳定板块，推动生态文明建设的要素处于集聚过程中，扩散效应没有显现，生态文明协同势能之间的交互作用被体制机制等割裂。

　　由此可见，我国区域生态文明势能分布显现出的生态文明水平分为三大板块，即东部、中部和西部板块。东部板块的生态文明协同势能高，交互作用强烈，呈现出从集聚到扩散的转变趋势，加速构建这一板块生态文明建设协同发展的体制机制，推动这一板块的生态文明区域一体化快速发展；中部板块的生态文明协同势能处于热点集聚和冷热不均的非均衡状态，推动生态文明建设的生产要素仍然处于集聚过程中，需要加强生态文明协同势能热点地区和周边省市的生态文明建设和联动；西部板块的生态文明协同势能处于冷集聚状态，推动生态文明建设的要素在

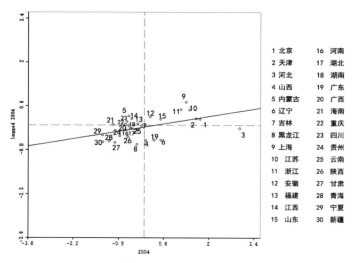

1	北京	16	河南
2	天津	17	湖北
3	河北	18	湖南
4	山西	19	广东
5	内蒙古	20	广西
6	辽宁	21	海南
7	吉林	22	重庆
8	黑龙江	23	四川
9	上海	24	贵州
10	江苏	25	云南
11	浙江	26	陕西
12	安徽	27	甘肃
13	福建	28	青海
14	江西	29	宁夏
15	山东	30	新疆

图3—7　2004年我国区域生态文明势能局部 Moran'I 散点图

这一板块并没流动，需要激活这些地区生态文明协同势能，推动这些地区提升生态文明水平，成为这一板块生态文明建设的当务之急。

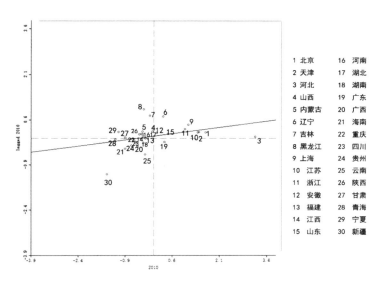

1	北京	16	河南
2	天津	17	湖北
3	河北	18	湖南
4	山西	19	广东
5	内蒙古	20	广西
6	辽宁	21	海南
7	吉林	22	重庆
8	黑龙江	23	四川
9	上海	24	贵州
10	江苏	25	云南
11	浙江	26	陕西
12	安徽	27	甘肃
13	福建	28	青海
14	江西	29	宁夏
15	山东	30	新疆

图 3—8　2010 年我国区域生态文明势能局部 Moran'l 散点图

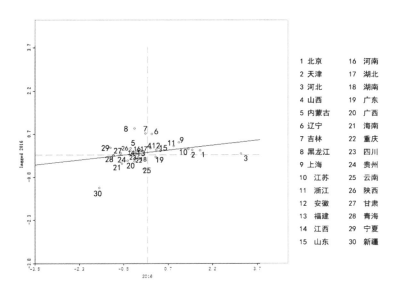

1	北京	16	河南
2	天津	17	湖北
3	河北	18	湖南
4	山西	19	广东
5	内蒙古	20	广西
6	辽宁	21	海南
7	吉林	22	重庆
8	黑龙江	23	四川
9	上海	24	贵州
10	江苏	25	云南
11	浙江	26	陕西
12	安徽	27	甘肃
13	福建	28	青海
14	江西	29	宁夏
15	山东	30	新疆

图 3—9　2016 年我国区域生态文明势能局部 Moran'l 散点图

分析各地区生态文明势能状态的跃迁，为了进一步阐明生态文明区域势能的空间集聚特征，需要借用雷伊（Rey S. J.，2001）提出的时空跃迁测度法来描述我国 30 个省域生态文明区域势能空间状态的时空变化。[①] 时空跃迁主要有四种类型，其中 I 型表示仅为省域单元自身发生跃迁，此跃迁类型包括 $HH_t \to LH_{t+1}$、$LH_t \to HH_{t+1}$、$HL_t \to LL_{t+1}$、$LL_t \to HL_{t+1}$；II 型表示为邻域单元发生跃迁，自身单元保持不变，具体包括 $HH_t \to HL_{t+1}$、$LH_t \to LL_{t+1}$、$HL_t \to HH_{t+1}$、$LL_t \to LH_{t+1}$ 四种跃迁类型；III 型为省域单元自身及其邻域单元均发生跃迁，此类型包括 $HH_t \to LL_{t+1}$、$LL_t \to HH_{t+1}$，跃迁方向相反的类型为 $LH_t \to HL_{t+1}$、$HL_t \to LH_{t+1}$。此外，IV 型表示省域单元自身与邻域单元均未发生跃迁，均保持原有的状态。具体如表 3—2 所示。

区域生态文明势能在 2000—2016 年最普遍的跃迁类型为省域自身和领域单元均未发生跃迁（IV 型）。两个时间段内表现出空间稳定性的省域（IV）占总观测省域的比重分别为 53.33%、66.67%，说明我国省域生态文明势能具有明显的路径依赖性特征，并且这种依赖性有逐渐增强的趋势。2010—2016 年发生跃迁的省份变少，省份跃迁呈现出由高集聚区向低集聚区（LL）转移的趋势，生态文明势能的空间集聚性逐渐增强。高—高型生态文明势能区域集中分布在北京、天津、江苏、浙江、上海、安徽和山东等省市，这些地区在这两个时间段一直保持着原有的状态，没有发生跃迁。从动态演变情况看，2004—2010 年，河北和辽宁加入高生态文明势能行列，2010—2016 年山西加入了高生态文明势能行列。可见，我国的高生态文明势能集聚地区

---

① Rey S. J., "Spatial Empirics for Economic Growth and Convergence", *Geographical Analysis*, No. 33, 2001.

呈现出"中部移动"集中的演变特征。总体来看，高生态文明势能"俱乐部"成员集中于京津冀和长三角及这两个区域的延伸地带，这些省份组成了一个高生态文明势能阵营。

从生态文明跃迁态势来看，东部和西部板块态势较为固化，只有中部板块中的山西、黑龙江、湖北、江西等地跃迁活跃，但是并没有整体激活中部板块生态文明势能的提高。

表 3—2　2004—2016 年我国区域生态文明区域势能 Moran 散点的空间跃迁

象限		HH_{t+4}	HL_{t+4}	LH_{t+4}	LL_{t+4}
2004—2010	HH_t	Ⅳ（京、津、江、浙、沪、皖、鲁）	Ⅱ	Ⅰ	Ⅲ
	HL_t	Ⅱ（冀、辽）	Ⅳ（粤）	Ⅲ（晋）	Ⅰ
	LH_t	Ⅰ	Ⅲ	Ⅳ（蒙、吉、闽）	Ⅱ（赣、琼、渝、川、湘）
	LL_t	Ⅲ	Ⅰ	Ⅱ（黑、豫、鄂、陕、甘、宁）	Ⅳ（桂、黔、滇、青、新）
2010—2016	HH_t	Ⅳ（京、津、冀、辽、江、浙、沪、皖、鲁）	Ⅱ	Ⅰ	Ⅲ
	HL_t	Ⅱ	Ⅳ（粤）	Ⅲ	Ⅰ
	LH_t	Ⅰ（晋）	Ⅲ	Ⅳ（蒙、吉、黑、闽、豫、鄂、陕、甘、宁）	Ⅱ
	LL_t	Ⅲ	Ⅰ	Ⅱ（赣川）	Ⅳ（湘、桂、琼、渝、黔、滇、青、新）

四、区域生态文明势能的空间网络格局

（一）区域生态文明势能网络的多极化发展趋势

我国区域生态文明势能网络呈现东部网络逐渐完善并向西部发展扩张，演进出较为显著的"中心—边缘"结构特征，呈现多极化的发

展趋势。实证研究结果显示，我国区域生态文明势能空间联系强度差异较大，势能较大的节点主要分布在东部和华北地区（如图3—10、图3—11和图3—12），其中势能比重第一至第六位分别是河北、北京、天津、江苏、上海和浙江，这前六名势能比重和占全国31%以上。生态文明势能网络结构不断演化，各地区之间的势能联系更加紧密，例如2004年的生态文明势能网络结构较为稀疏，东中部较为紧密；而到了2016年，西部地区生态文明势能和中部甚至东部地区产生了更为广泛的联系，网络由此也形成多核心的复杂化的"网络型"空间结构。我国区域生态文明势能网络呈现东部区域网络逐渐完善并向西部区域发展的演进趋势。

我国区域生态文明势能网络演进出较为显著的中心—边缘结构特征，呈现多极化的发展趋势。势能网络核心节点从河北、北京、天津、江苏、上海和浙江等省市逐步向外扩散到中东部大多数的省市；四川、重庆、贵州三省的生态文明势能逐渐从边缘区域向半边缘半核心

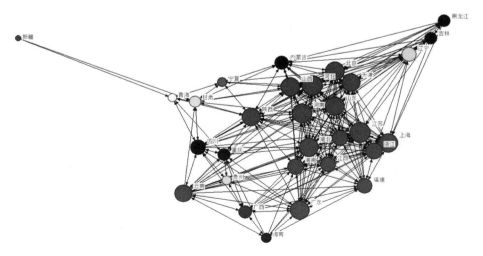

图3—10　2004年我国区域生态文明发展的空间联系网络结构

区域转变，这与我国大力实施西部发展战略举措和生态文明建设的政策驱动密不可分。边缘地区生态文明势能虽然有一定程度上提高，但依然与其他地区联系较弱，不能充分接纳核心节点生态文明势能的扩散效应，例如新疆、黑龙江、吉林、宁夏、甘肃、广西和海南等地。

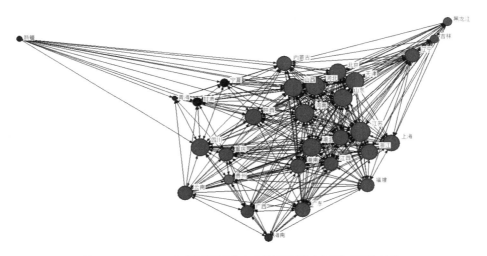

图3—11 2010年我国区域生态文明发展的空间联系网络结构

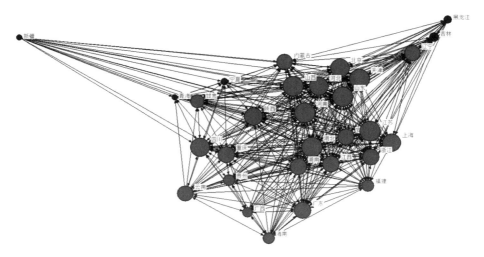

图3—12 2016年我国区域生态文明发展的空间联系网络结构

（二）生态文明势能的网络传导效率

网络密度作为社会网络分析中最常用的一种指标，它衡量了整体网络中各结点之间关联的紧密程度，能间接反映整体网络对节点的影响力。一般而言，整体网络的密度越大，该网络对其中个体所产生的影响也越大。联系紧密的整体网络能为其中的个体提供各种社会资源。[①] 通过计算得到 2004 年、2010 年、2016 年三年生态文明区域势能网络密度（见表 3—3）。在整个文明生态区域势能网络中，各成员之间的关联紧密程度是在不断加大的，网络密度不断增大，从 2004 年的 0.454 到 2016 年的 0.733，说明个体之间的联系越来越紧密，整体的生态文明区域势能网络对个体影响越来越大。网络密度增大的同时也意味着网络中的孤立节点省市减少，节点省市间逐渐趋向于协同发展，均衡增长趋势明显。在近年的发展历程中，可以清楚地看到，我国区域生态文明势能网络结构的聚类系数逐渐增大，特征路径长度逐渐减小，符合小世界网络的基本特征。平均特征路径长度从 2004 年的 1.629 减少到 2016 年的 1.241，说明省市间的联系越来越通畅，生态要素在省市间的流通速度越来越快，整体的网络内部生态要素流动效率不断增强。另一方面，节点聚类系数的提高带来的收益将吸引各省市的进一步建设，这又将进一步增加网络周边的数量。

上述研究结果意味着网络密度增加了生态文明势能节点之间的互动程度，推动各地区生态文明势能均衡发展，节点聚类系数的增大和特征路路径长度的递减呈现出小世界网络的基本特征，提高了生态文明势能在网络中的传导效率。

---

① 汪明：《基于社会网络的江苏城市群经济联系网络结构研究》，《商业经济研究》2012 年第 3 期。

表3—3　我国生态文明区域势能网络整体性能

时间（年）	网络密度	聚类系数	平均路径长度
2004	0.4540	0.6730	1.6290
2010	0.6356	0.7530	1.3540
2016	0.7333	0.8070	1.2410

（三）生态文明势能的聚集与扩散效应

研究结果显示，大多数省市的点入度、点出度在三年中均有提升，这说明省市之间生态文明势能的聚集与扩散在整体关联网络上较活跃，势能聚集与扩散的中心省市逐渐增多，网络中心逐渐从单一向多元化演变（如图3—13和图3—14所示）。核心节点对应的省市生态文明势能的聚集功能要超过核心省市对生态要素的扩散能力；东部地区除了辽宁、海南省势能的聚集能力较小外，其他九省市的点入度、点出度都高于全国平均水平，且有明显提升，即东部区域在全国生态文明势能关联网络的结构中发挥了生态文明建设的核心作用。中部地区大部分省市点出度大小较均匀，各地区之间的势能扩散能力基本处于同一水平，而山西、内蒙古依托省市内丰富的矿产资源，其资源输出较大，高于其他中部地区，同时在整个网络中的资源输出中也属于核心地位；湖北地处网络中心地带，生态文明势能的聚集力高于其扩散力，属于区域资源聚集门户；而黑龙江、吉林、河南等省生态文明势能的输出要高于其输入能力，属于资源扩散门户。西部地区是我国内陆地区，除了陕西具有较高的点入度和点出度以外，其他地区均属于生态文明势能关联网络的边缘地带。其中，云南处于网络边缘，逐渐形成高扩散低聚集的地位，属于区域资源扩散门户；而宁夏、青海、新疆三省的点入度和点出度均远低于全国平均水平，属于势能网络的边缘点。总的来说，拥有丰富资源优势的省市，如海南、云南、黑龙江、吉林等省，往往会因为地处我国境内边缘，加之相关政策的原因，资源输入较少，溢出较多，属于资源扩散门户。而中部和东部区域中，资源较少但处于网络中心区域，如湖北、江苏、浙江等省份，资源需要被输入，属于资源聚集门户。

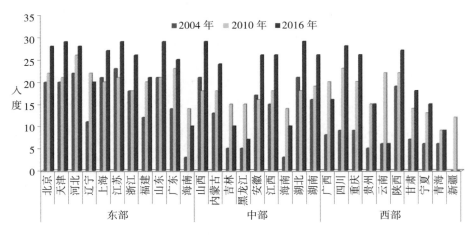

图3—13　我国生态文明区域势能网络节点入度

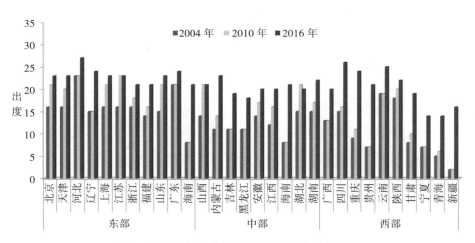

图3—14　我国生态文明区域势能网络节点出度

　　中介中心度作为测度网络中某一节点对资源控制的指标，反映了两个区域之间的生态文明联系依赖于其他区域的影响力，即中间中心度越高则意味着该区域控制其他区域之间的生态要素交流能力越强。而中介中心度在时间上的变化，显示着整体生态关联网络的要素传递效率变化。整体中介中心度的降低意味着作为中间"桥梁"的省市，其在省市之间的参与度与交流有所降低，因此，省市之间生态要素的传递会更加紧密，省市之间联系更加密切，整体网络的生态要素传递效率也会因为中介的减少而提升。如图 3—15 所示，在 2004 年、2010年、2016 年三年的生态关联网络中，作为中介省市的中介中心度均有所降低，说明部分在 2004 年无法直接产生生态要素传递的省市在 2016年可以直接传递，形成有效关联，导致了整体网络内部各省市之间联系更加密切。其中，河北、四川、重庆三省作为中间桥梁，虽然在三年中的传输能力有所减弱，但依然保持着较高的中介控制能力，同时三者拥有较高的资源聚集与扩散能力，显示其作为整个生态关联网络中不可忽视的核心地位。作为东部和西部的桥梁，控制着其他核心区

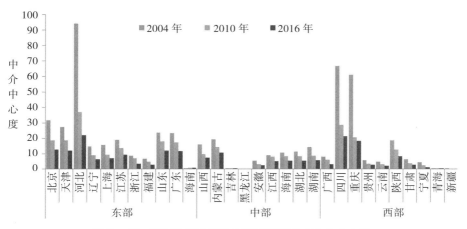

图 3—15　我国生态文明地区势能网络节点中介中心度

域与边缘区域的交流，因此有必要加大对该区域的生态要素投入。

接近中心度作为网络核心—边缘的测量指标，节点的大小表明着节点距离生态网络的空间地理位置，同时也说明作为网络空间结构上的中心，更容易与其他省市产生联系，因此生态要素流动的效率要高于边缘上的省份。如图 3—16 所示，在三年的变化过程中，每一个节点的接近中心度均有提升，说明每个省份在每年的变化中都会加强与其他省市之间的生态联系，要素在整体生态关联网络内部传输中更容易与其他省市产生联系，核心省市越来越多元化，边缘省市渐渐退出边缘位置。而云南、黑龙江、吉林、海南、宁夏、新疆，这些省市由于经济发展水平和地理位置的限制，在网络中依然扮演着边缘节点的角色。

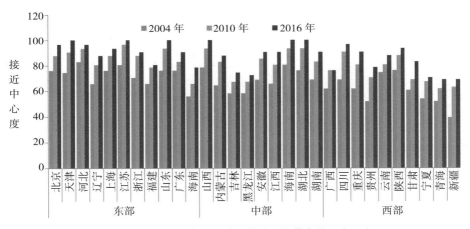

图 3—16　我国生态文明地区势能网络节点接近中心度

总体来看，网络中各节点的生态文明势能的聚集与扩散效应逐年增强，推动了生态文明势能从单一中心向多极中心转变，带动了边缘节点向中心移动，降低了中介节点的生态文明势能控制力，提升了网络整体对节点生态文明势能的传输效率。

第二节 生态文明协同发展空间效应分析的模型设计

一、影响生态文明区域协同发展因素的分析维度

（一）市场开放程度

开放有序的市场机制是实现区域之间生产要素自由高效流动的基本前提。在生态文明建设过程中，自然资源及其衍生的生态产品和生态服务要全面反映和体现其应有的商品、生态和公共产品属性，并全面体现出应有的完整的价值，首先依赖规范的市场交易规则和合理有效的价格机制，这是改变生产与消费活动中资源投入产出关系、污染控制与治理的内生动力。当然，要保障市场机制在生态文明建设中的功能和效率，前提是建立开放、公平的市场竞争秩序。开放的区域市场环境，能够有效化解生产要素和产品要素在流通和配置过程中的障碍和约束，积极引导和促进生产要素、产品和服务的跨区域流动以及企业和产业的跨区域转移，从而增强区域之间在资源、环境、经济、社会发展等领域的联系，在增强区域分工的同时，形成对资源节约利用和生态环境保护的联控联动。可见，市场开放程度直接对区域生态文明建设特别是区域内企业和产业发展的目标选择产生清晰的导向作用，从而影响企业和地方政府的决策，使市场机制发挥基础性和主导性作用。因此，本书将市场开放程度纳入影响生态文明区域协同发展的因素之中，并通过选择市场化指数、外商直接投资（FDI）、工业企业主营业务利润率等相应替代变量对之加以表征并展开相应的分析。

（二）空间组织秩序

生态文明区域协同发展有赖于区域之间合理有效的空间组织秩序。从缘起上看，空间组织秩序是区域经济协调发展的组成部分，是

基于国家的区域发展战略而确立的区域经济发展规划、主体功能区域规划所形成的国土空间开发模式、空间管制机制与组织方式。生态文明空间组织秩序能够对全国各区域空间开发进行全局谋划，明确各区域的功能定位和经济增长的区带布局，进而从战略上指引区域空间联系网络建设，以增强区域之间在自然资源开发、生态环境保护等领域的联系，促进区域分工与合作。因此，优化空间组织秩序，能够从根本上塑造区域内部或跨区域生态文明建设过程中的生产空间、生活空间、生态空间之间的关系及其协调过程中催生的产业发展方式的转变，提高空间开发效率。由此，本书将空间组织秩序纳入影响生态文明区域协同发展的因素系统之中，并根据已有的理论研究选择城镇化率、单位 GDP 建设用地下降率、第三产业增加值和高新技术产业产等替代变量作为空间组织秩序的表征并展开后续研究。

（三）区域合作力度

区域合作是生态文明区域协同发展的一种重要方式。区域合作指具有较强经济地理关联的区域之间，按照自愿参与、平等协商、优势互补、互惠互利的基本原则，在自然资源与生态环境要素流动、资源配置与产业发展、生态环境治理与保护，以及对外经济联系和贸易等诸多方面采取联合行动。这种经济活动致力于减少或消除地方保护主义所伴生的区域发展经济权力、政治权力和社会权力的割裂，而形成具有包容性的共同市场以减少或消除区域之间、地方政府之间的无效竞争，形成发展合力和关联互动的发展格局，最终促进各地区生态文明共生共荣、互惠共享，从整体提高区域生态文明发展的水平和质量。按照区域合作发生的经济活动过程与物理介质，本书选择铁路营业里程、货物周转量总额、国内技术购买、新产品出口额等指标作为区域合作力度的替代变量，将其涵盖于影响生态文明区域协同发展的因素系统之中。

（四）收益分配格局

收益分配是指人们基于既有的生产资料所有制形式和经济社会活动，形成一定水平的收入来源，并改善自身生存状态的利益关系，在生态文明区域协同发展中是至关重要的组成部分。从发生动机上讲，体现了生态文明区域协同"以人民为中心"满足不同区域内人民实现美好生活需要的价值追求；从实现结果上讲，则体现了人们是否具备一定的物质条件和参与意愿，以融入区域之间生态文明建设的可能性和积极性。作为调整人与自然关系、人与社会关系的构成部分以及调整和弥补市场失灵的有效形式，收益分配在生态文明区域协同发展中也具有重要功能。为促进收益分配的公平，政府必然强化运用国家扶持、区域互助、生态补偿相结合的方式，对欠发达区域进行持续性的帮助，改善其经济发展条件，提高其自我发展能力，加快经济发展步伐。与此同时，基于政府引导作用的发挥，欠发达区域与发达区域逐渐建立相对稳定的经济联系，由此进入到全局性空间经济系统和生态环境保护系统的分工链条之中，使得不同区域获得发展机会，帮助落后区域摆脱资源环境与经济社会发展的"贫困恶性循环"，在总体上改善全国生态文明区域协同发展的格局。本书选择人均收入水平、地方财政收入、地方财政社会保障补助支出等指标作为区域合作力度的替代变量，并将其纳入影响生态文明区域协同发展的因素系统之中加以考虑。

（五）政府管理强度

政府是我国生态文明建设的倡导者、参与者和决策者。无论是在经济建设、生态文明建设还是其他社会发展领域，政府管理作为国家意志的体现，均具有显著的权威性和影响力。其具体表现就是，政府权力的运用偏向于经济社会、资源环境等领域中的某一个方面，那么这些领域所得到的公共权力就会相应强化，相应的政府管理强度就会增加。在生态文明建设过程中，政府管理的直接作用在于，通过制度改革和创新，为自然资源及其产品的市场开发、国土空间利用的空间组织、产业发展的区域合作以及区域之间收益分配提供政策条件，促进上述要素之间相互配合，形成合力。同时，通过采取生态文明区域协同的资源环境管理手段，建立区域联防共治的工作体系，引导生态文明区域协同发展。显然，在生态文明区域协同发展体系中，政府管理为其他四个条件提供制度和机构方面的保障，需要科学发挥政府的引导作用。基于上述考虑，本书选择排污费、资源税、造林总面积等替代变量作为生态文明政府管理强度的表征指标并展开后续研究。

二、模型设计与变量定义

（一）模型设计与变量定义

空间自相关表明一个地区经济数据与相邻地区经济活动相关，观测值在空间上缺乏独立性。空间自相关性在模型中体现在误差项和因变量的滞后项。空间计量模型包括空间滞后模型和空间误差模型两种基本形式：

空间滞后模型（SLM、SAR）：

$$Y_i = \rho W Y_i + X_{ki}\beta_k + \varepsilon_i \quad (i = 1, 2, \cdots, N) \quad （3-11）$$

空间误差模型（SEM、SAC）：

$$Y_i = X_{ki}\beta_k + \mu_i; \mu_i = \lambda W \mu_i + \varepsilon_i \quad （3-12）$$

其中：N 为地区样本数，Y 为 $N \times 1$ 被解释变量，X 为 $N \times k$ 的外生解释变量矩阵（含常数项），具体为 $X = （C \ \ln ME \ \ln SO \ \ln RC \ \ln IDP$

$\ln GMI$ ），β 为变量系数矩阵，ρ 和 λ 分别为空间自回归系数和空间自相关系数向量，μ、ε 是 $N \times 1$ 的误差成分矩阵，其中 ε 服从均值为 0、方差为 σ^2 的独立同分布，W 为空间权重矩阵，是 N 阶方阵，权重系数相邻地区取值为 1，反之取值为 0，并对矩阵进行行标准化处理。以上两个模型是基于截面数据。对于面板数据，需要对上面两个模型作适当变动，除了加入 α_i 用来度量空间固定效应，γ_t 用来度量时间固定效应，面板空间计量模型还需要对空间权重矩阵进行调整，具体做法是用克罗内克积把不同时期空间权重 W 合起来：$W_{NT} = I_T \otimes W$，其中，I_T 是单位矩阵，T 是时间跨度。

空间面板滞后模型（$SarPanel$）：

$$Y_{it} = \rho W_{NT} Y_{it} + X'_{it} \beta + \varepsilon_{it} \tag{3-13}$$

空间面板误差模型（$SemPanel$）：

$$Y_{it} = X'_{it} \beta + \mu_{it}; \mu_{it} = \lambda W_{NT} + \varepsilon_{it} \tag{3-14}$$

实际上，空间面板数据不仅因变量受空间因素影响，自变量也可能存在空间因素影响。因此，埃尔霍斯特（Elhorst，2010）在曼克西（Manksi，1993）模型的基础上，构建空间杜宾模型（SDM），其基本形式为：

$$Y_{it} = \rho W_{NT} Y_{it} + X_{it} \beta + W_{NT} X_{it} \theta + \varepsilon_{it} \tag{3-15}$$

其中，ρ 系数表示空间依存性和依赖性，θ 系数表示空间溢出效应。

（二）模型构建

本书利用我国 30 个省区市的面板数据，设立空间动态面板数据模型来考察生态文明区域协同发展的影响因素，设定如下计量模型：

$$\ln y_{it} = \alpha_0 + \beta_1 \ln ME_{it} + \beta_2 \ln SO_{it} + \beta_3 \ln RC_{it} + \beta_4 \ln IDP_{it} + \beta_5 \ln GMI_{it} + \varepsilon_{it}$$

$$\tag{3-16}$$

式中，y_{it} 表示 t 时刻 i 省的生态文明协同度，α_0 为常数项，ME 为市场开放程度（Market Exposure），SO 为空间组织秩序（Spatial Orders），RC 是区域合作力度（Regional Cooperation），IDP 表示收益分配格局（Income Distribution Pattern），GMI 为政府管理强度（Government Management Intensity），β 为系数，ε 是误差项。

（三）变量定义及说明

本书利用外资引进、主营业务利润率倒数和市场化指数的乘积项作为衡量市场开放程度的指标，取对数后记为 lnME；选择城镇化率、单位 GDP 建设用地下降率、第三产业增加值和高新技术产业产值四者的乘积项作为衡量空间组织秩序的指标，取对数后记为 lnSO；此外，选择国内技术购买、新产品出口额、铁路营业里程和货物周转总计量的乘积作为衡量区域合作力度的指标，将人均收入水平、地方财政收入和地方财政社会保障补助支出纳入衡量收益分配格局的指标，政府监管强度则用资源税、排污费和造林总面积三者的乘积表示，分别取对数记为 lnRC、lnIDP 和 lnGMI。

本模型包含的变量较多，且某些地区特定年份的个别指标数据缺失，故将选取的时间跨度定为 2000—2016 年。由于西藏、香港、澳门、台湾和内地省区市缺少可比性，本书在选择观测样本时将以上省区删除。本书所涉及的各项指标数据主要来源于历年《中国环境统计年鉴》《中国统计年鉴》《中国工业企业活动统计资料》以及咨询行中国高校财经数据库、中宏统计数据库和国研网数据库。对于个别指标所缺失的数值，运用预测建模进行了修补。为了消除数据中存在的异方差，在进行数据分析时，分别对各个变量的数据进行了对数处理。样本数据集合是我国 2000—2016 年各省区市的数据。T=12，N=30，从面板数据理论来看，时间维度小于地区维度，属于短板数据，不需要进行单位根检验和协整检验。

第三节 生态文明区域协同发展的空间效应与区域差异

一、全国生态文明区域协同发展的空间效应与影响因素分析

采用空间固定效应模型、时期固定效应模型和双向固定效应模型对全国30个省区市生态文明水平空间相关性及性能进行了计量分析（见表3—4），可以看出双向固定效应模型相对最佳。三个模型中标志空间依赖关系的空间自回归系数（W·dep.var）估计值大都达到了0.05之内的显著性水平，并且为正，证实了数据的空间相关性，表明了生态文明区域协同的空间依赖性和相互促进作用。相互邻近省（自治区、直辖市）间有较强的空间依赖作用和空间溢出效应。[1] 表中 x_1 到 x_5 依次分别对应市场开放程度、空间组织秩序、区域合作力度、收益分配格局和政府管理强度。

表3—4 全国空间杜宾模型估计结果

变量	空间固定效应	时期固定效应	双向固定效应
x_1	0.0833	1.0835***	0.1130
x_2	0.1113***	0.4518***	0.1844***
x_3	0.3191***	0.5005***	0.3153***
x_4	0.8159***	2.1299***	0.7040***
x_5	0.1493***	−0.2587***	0.0518

---

[1] 方大春：《经济增长要素的空间效应及分解——基于空间杜宾模型的实证研究》，《湖南财政经济学院学报》2015年第3期。

续表

变量	空间固定效应	时期固定效应	双向固定效应
W	1.0331***	−1.0751***	1.0480***
W	−0.0400	0.3996***	0.2286***
W	0.2537*	0.2410	0.2400**
W	−0.2851	−0.9367*	−0.976304***
W	−0.2310	−0.5469***	−0.6349***
$Wdep.var.$	0.2887***	0.2488***	−0.6349***
R^2	0.9824	0.9353	0.9838
Log L	−923.1043	−1254.7690	−897.7686
$Sigma^2$	2.2717	8.1200	1.9692
Wald_spatial_lag	71.3521***	73.2145***	74.1265***
LR_spatial_lag	65.2386***	64.2353***	67.3113***
Wald_spatial_error	81.8875***	79.3415***	83.2316***
LR_spatial_error	73.2104***	72.2413***	74.0142***

注：Hausman test—statistic，degrees of freedom and probability = 7.9320，11，0.7194。

上述五个指标对我国区域生态文明水平的影响主要具有如下表现：第一，市场开放程度回归系数都为正值，表明这一指标对全国生态文明水平的发展有促进作用，但其只在考虑时间固定效应模型结果时才显著，从时间维度来说，政府主导下的市场持开放态度，而空间固定效应模型结果并不显著，可能与政府之间开放的内容和方式不同有关。第二，空间组织秩序、区域合作力度和收益分配格局三者的回归系数在三个效应下都显著并为正，表明这三个指标对全国生态文明水平的发展也为正影响。同时，笔者发现这三个指标时期固定效应下的回归系数都比空间固定效应大，体现了不同区域空间规划的差异性。第三，政府管理强度的回归系数在空间固定效应下为正，但在时间固定效应下为负，表明随着时间的推进，全国生态文明水平不断提高，但就某一时间截面来说，总体上高强度的政府管理会限制要素资源的流动而产生负面影响。

从五个指标的空间自相关性角度来考察分析生态文明的影响因素，可以看出：

第一，空间固定效应下 Wx_1 回归系数为正，但相反地，时期固定效应下回归系数为负，表明随时间推移邻域市场开放程度提高产生的溢出效益能促进本地区发展，对全国生态文明水平提高有正向作用，但同一时间截面内，相邻区域市场开放程度的提高可能会形成资源争夺，对全国有阻碍作用。第二，Wx_2 的回归系数在空间固定效应下为负但不显著，说明在一段时期内空间组织秩序的作用不明显；而时期固定效应下其系数为正且显著，表明某一时间节点内不同区域空间组织秩序对全国生态文明水平发展具有正向作用。第三，对区域合作力度来说，Wx_3 在空间固定效应下略为显著，系数大小与时期固定效应基本一致，可以说一段时期内邻近区域合作力度加强能促进本地生态文明发展。第四，收益分配格局和政府管理强度的估计结果形式一致，在空间固定效应下回归系数都为负但不显著，说明某段时期内相邻区域的这两个指标对本地区影响作用不明显；而时期固定效应下系数也为负值，但相对空间固定效应来说更为显著，表明在某一时间截面上，相邻区域的收益分配格局和政府管理强度的加强会阻碍本地生态文明水平的提高。

勒塞奇和佩斯（Le Sage 和 Pace，2009）提出，当被解释变量空间滞后项系数显著不为零时，采用空间杜宾模型系数度量其经济增长的溢出效应会存在系统性偏差。[①] 因此如果被解释变量空间滞后项系

---

① 李延军、史笑迎：《京津冀区域金融集聚对经济增长的空间溢出效应研究》，《经济与管理》2018 年第 1 期。

数显著不为零，则要对其进行空间效应分解，再进行研究。表3—5进一步通过直接效应、间接效应和总效应分解来反映这五个指标的影响作用。由于双固定效应 R 方较大，且显著性更好，下面只选取了双固定效应下的杜宾模型效应分解进行说明。

从空间杜宾模型影响因素分解中（见表3—5），可以得出这些要素如何影响生态文明区域协同度的增长：第一，市场开放程度的各效应系数都为正，间接效应下系数为 1.215 并在 0.05 的显著水平上，但直接效应下并不显著，说明市场越开放，其效益溢出就越能促进周边地区的发展，自然资源等要素流动越便捷，从而提高生态文明协同度；总效应系数为 1.37 并显著，表明市场开放对外部产生总体正向的作用。第二，空间组织秩序和区域合作力度的各效应分解系数都为正且通过显著性水平为 0.1 的检验，表明无论对本地区还是全国范围内其他地区，有效调整空间组织秩序和加强区域合作力度都能起到正向作用，同时有集聚和溢出的交互，并且也促进全国生态文明水平的提高。第三，收益分配格局对区域生态协同具有最高的贡献，直接效应分解系数为 0.67 并显著，表明合理有序的收益分配与生态文明区域协同息息相关，国民收入在居民、企业和政府间分配越和谐，我国在社会、经济和政治上就越能达到较优平衡，从而提高本地区生态文明协同度；而其间接效应分解系数显著并为负，表明其对邻域有负面的溢出效应；总效应为负但不显著，说明其对全国的生态文明指数并没有明显的影响作用。第四，政府管理强度在直接效应分解下系数为正却不显著，但在间接效应和总效应分解下为负且显著，说明各地区政府管理强度对本地生态文明水平的发展并不明显，但却制约相邻地区和全国总体水平提高，表明全国范围内各地区间还存在地方保护现象。

表 3—5　双向固定效应下的全国 SDM 模型空间效应分解

变量	直接效应	间接效应	总效应
x_1	0.1548	1.2147***	1.3695***
x_2	0.1919***	0.2875***	0.4794***
x_3	0.3289***	0.3326**	0.6616***
x_4	0.6732***	−1.0235**	−0.3503
x_5	0.0269	−0.7200***	−0.6930***

二、东部地区生态文明区域协同发展的空间效应与影响因素分析

考虑到我国地域广袤、地区间差异显著的现实，本书将全国 30 个省份按照东部和中西部地区分类进行分地区样本回归分析，以揭示上述指标对不同区域生态文明水平影响的区域特征。其中，东部地区包括北京、天津、河北、辽宁、上海、江苏、浙江、福建、山东、广东和海南十一个省市，中部地区包括山西、吉林、黑龙江、安徽、江西、河南、湖北、湖南八个省，而西部地区包括广西、四川、重庆、贵州、云南、陕西、甘肃、宁夏、青海、新疆和内蒙古十一个省市区。需要说明的是，由于西藏、香港、澳门、台湾和内地经济社会发展具有较大差异，故本书未将上述四个地区纳入研究样本之中。

从表 3—6 中可以看出，对东部地区而言，首先，市场开放程度在三个固定效应模型下虽都为正值，但没有一个回归系数是显著的，说明这一指标对东部各地区的生态文明水平没有明显的影响作用；但就系数大小而言，时期固定比空间固定的效应分解系数更大，说明市场开放程度对东部不同区域间资源要素流动也有一定影响。其次，空间组织秩序、区域合作力度和收益分配格局与全国估计一致，其系数都为正值且显著，对东部地区生态文明水平的发展具有促进作用；并

且时期固定效应的系数都大于空间固定效应，表明东部地区内也存在不同区域空间规划的差异性。再次，政府管理强度只在时期固定效应下显著，回归系数为负值，表明东部地区内各区域政府管理力度过强，也限制了要素资源在区域间的流动。

表3—6　东部地区空间杜宾模型估计结果

变量	空间固定效应	时期固定效应	双向固定效应
x_1	0.0592	0.4593	0.0782
x_2	0.1507***	0.5363***	0.1932***
x_3	0.3926***	0.5508 ***	0.2966***
x_4	0.8942***	1.9562***	0.9096***
x_5	0.1385	−0.4006***	0.1135
Wx_1	0.5267*	−2.2635***	0.2736
Wx_2	−0.0397	0.3861***	0.0819
Wx_3	0.3118*	0.0632	0.1721
Wx_4	−0.1061	1.2736***	−0.0745
Wx_5	−0.3382**	−0.4461 ***	−0.2842*
Wdep.var.	0.1499**	−0.2923***	−0.0570
R^2	0.9828	0.9545	0.9855
Log L	−303.6304	−312.6521	−287.1024
Sigma^2	1.5816	4.3443	1.2600
Wald_spatial_lag	4.6235***	4.2346***	4.9869***
LR_spatial_lag	4.5483***	4.5381***	4.8455***
Wald_spatial_error	4.5769***	4.7412***	4.6774***
LR_spatial_error	4.4351***	4.4219***	4.2334***

注：Hausman test—statistic，degrees of freedom and probability = 29.0162，11，0.0023。

与全国杜宾模型效应分解结果几乎一致，东部地区杜宾效应分解结果（见表3—7）显示，其一，市场开放程度在三个效应分解下系数为正但都不显著，表明东部地区市场开放程度已达饱和，在这一指标上加强对东部地区的生态文明水平并没有明显作用。其二，空间组织秩序、区域合作力度和收益分配格局在三个效应分解下都呈现直接效应为正且显著，而间接效应的回归系数都不显著，表明加强这三个指标的建设将有效提高东部地区内各地的生态文明水平，但对其相邻区域并没有明显的作用，可以说在这三个影响因素下东部地区集聚作用明显，但没有强烈的扩散效应；从总效应来看，这三个影响因素对东部地区整体生态文明水平的提高都有明显的促进作用。其三，政府管理强度在直接效应分解下系数不显著，只有间接效应回归系数显著，并且为负，说明政府管理强度对相邻地区间的生态文明协同阻碍作用更大，表明东部地区需要降低政府监管力度，以此获得区域内生态文明协同度的提高。

表 3—7　双向固定效应下的东部地区 SDM 模型空间效应分解

变量	直接效应	间接效应	总效应
x_1	0.0786	0.2558	0.3344
x_2	0.1927***	0.0667	0.2595**
x_3	0.2901***	0.1474	0.4375**
x_4	0.9309***	−0.1495	0.7814**
x_5	0.1186	−0.2818*	−0.1631

三、中部地区生态文明区域协同发展的空间效应与影响因素分析

对中部地区而言，由表 3—8 可以看出，市场开放程度在空间固定效应下系数为正且在 0.05 的显著性水平，说明在某一时段内，中部地区内市场越开放，则其生态文明协同越好；而时期固定效应下系数并不显著，在某个时间节点上，各地市场开放程度与中部地区总体生

态文明水平并没有太大关系。同时，空间组织秩序在三个固定效应下都不显著，说明其对中部地区没有作用效果。此外，区域合作力度在时间固定效应下显著为正，表明加强中部地区的区域合作力度能有效提高其总体生态文明水平。当然，收益分配格局在空间固定效应下系数显著为正，并且较其他影响因素更大，说明在一个时间段内，加强收益分配格局的调整对中部地区的生态文明发展有重要作用。最后，政府管理强度在空间和时期固定效应系数都为正，但时间固定效应下更显著，表明政府管理对中部地区生态文明的协同也有正向作用。

表 3—8　中部地区空间杜宾模型估计结果

变量	空间固定效应	时期固定效应	双向固定效应
x_1	0.8728***	1.1946	0.6598**
x_2	−0.0493	−0.1491	0.0699
x_3	0.4145	0.3649***	0.5430***
x_4	1.1799**	0.2830	1.0022
x_5	0.2458*	0.7056***	0.0770
Wx_1	−0.2722	0.5405	−0.4887
Wx_2	0.1008	0.2403	0.4317**
Wx_3	0.7185***	1.2935***	1.1012***
Wx_4	−0.1061	−3.7202***	−1.2424
Wx_5	−0.3382**	0.8926***	−0.2510
$Wdep.var.$	0.1499**	−0.2190***	−0.1820**
R^2	0.9502	0.9459	0.9586
Log L	−279.7353	−287.8012	−266.4882
$Sigma^2$	2.4050	2.7658	1.8832
Wald_spatial_lag	34.6749***	32.2146***	33.7903***
LR_spatial_lag	29.1123***	29.1289***	29.4180***
Wald_spatial_error	28.6437***	30.2273***	29.7232***
LR_spatial_error	26.4368***	27.5312***	27.4635***

注：Hausman test—statistic，degrees of freedom and probability = 37.7884，11，0.0001。

由表 3—9 可以看出中部地区内各地的集聚和扩散效应。中部地区的空间效应分解显示，第一，市场开放程度直接效应分解系数为正且显著，说明市场开放程度这一指标在中部地区占有重要位置，可能与中部地区的市场贸易成本较低有关，其市场交互能力更强，市场化指数更高。间接效应系数为负但不显著，表明市场开放程度在促进本地生态文明水平发展的同时，对相邻地区间的生态文明协同也产生了阻碍作用但不明显。第二，空间组织秩序的间接效应分解系数为正并在 0.1 的显著水平，而直接效应系数不显著，表示其对相邻区域有明显的正向溢出效应。第三，区域合作力度在三个效应分解下的系数都显著并且是正值，表明中部地区内各地集聚和溢出效应都较明显，有该要素的交互流动，但间接效应系数更显著且大于直接效应系数，说明溢出效应更强；就总效应来说，加强各地的区域合作力度能有效且明显地提升中部地区的生态文明协同度。第四，收益分配格局直接效应分解系数显著且为正值，间接效应分解系数为负，但数值上来说较直接效应更大，表明其对各地生态文明水平有促进作用，但对相邻区域有负向溢出，因此总效应显示各地收益分配格局对中部地区存在明显阻碍作用。

表 3—9　双向固定效应下的中部地区 SDM 模型空间效应分解

变量	直接效应	间接效应	总效应
x_1	0.7207**	−0.5451	0.1755
x_2	0.0361	0.3881**	0.4242*
x_3	0.4749**	0.9072***	1.3822***
x_4	1.0973*	−1.3148	−0.2174**
x_5	0.0969	−0.2493	−0.1524

四、西部地区生态文明区域协同发展的空间效应与影响因素分析

表3—10为西部地区的杜宾估计结果。可以看出，市场开放程度在时期固定效应下系数显著为正，表明固定时期下西部地区市场越开放，其总体的生态文明协同度越高；空间组织秩序在三个固定效应下系数都不显著，无论是城镇化率还是第三产业与高新技术产业，西部地区都没有投入发展，因此这一指标对西部生态文明水平没有影响作用；区域合作力度和收益分配格局在三个效应模型下系数都为正且显著，说明加强这两方面建设对西部地区生态文明协同度有明显贡献；政府管理力度在三个效应模型下系数都显著为负，表明无论是固定空间还是固定时期，高强度的政府管理对西部生态文明协同具有强烈的阻碍作用。

表3—10　西部地区空间杜宾模型估计结果

变量	空间固定效应	时期固定效应	双向固定效应
x_1	−0.1685	1.0901***	0.6598**
x_2	0.0653	0.0929	0.0699
x_3	0.2315***	0.4039***	0.5430***
x_4	0.5761*	3.1634***	3.1634***
x_5	−0.6822 ***	−1.2131***	−1.2131***
Wx_1	1.1957***	1.0914***	1.0914***
Wx_2	−0.0315	0.0264*	0.0264*
Wx_3	0.0446	0.7322***	0.7322***
Wx_4	1.2813***	2.3077***	2.3077***
Wx_5	−0.7185**	−2.5052***	−2.5052***
$Wdep.var.$	0.1582*	−0.4796***	−0.4796***
R^2	0.9701	0.9546	0.9764
Log L	−277.6221	−329.0807	−259.3350
$Sigma^2$	2.3224	3.7359	1.7265
Wald_spatial_lag	69.8913***	69.5381***	69.0719***

续表

变量	空间固定效应	时期固定效应	双向固定效应
LR_spatial_lag	49.2495***	50.3216***	49.3015***
Wald_spatial_error	69.4862***	68.4373***	69.5979***
LR_spatial_error	52.4635***	52.8076***	52.0522***

注：Hausman test—statistic，degrees of freedom and probability = 15.9856，11，0.1417。

同样，表3—11则对模型效应进行了分解，结果表明，第一，市场开放程度的直接效应分解系数为负且不显著，但间接效应系数显著为正并达到1.03，表明西部地区市场越开放，对相邻区域有正向的溢出效应，且总效应系数也显著为正，说明越能促进区域内生态文明的协同发展；另一方面也表明西部自然资源流出导致周边生态文明提高，自身有所降低但并不显著。第二，同表3—10的估计结果一致，空间组织秩序对西部地区内各地及其相邻区域的影响作用并不显著，在此影响因素下没有明显的集聚或溢出效应。第三，区域合作力度和收益分配格局都表现为直接效应系数为正，但间接效应系数为负。这表明在这两个指标的影响下，各地集聚效应较溢出总效应更加突出。此外，政府管理强度直接分解效应下的系数为 –1.14，并且达到了0.05的显著性水平，说明政府管理强度对本地区生态文明协同度有明显的阻碍作用；同时政府管理强度在间接效应分解下系数也为负并显著，表明西部地区地方保护现象严重，政府监管力度强，不仅限制了本地区的生态发展，也对区域协同产生了强烈的阻碍作用。

表3—11　双向固定效应下的西部地区 SDM 模型空间效应分解

变量	直接效应	间接效应	总效应
x_1	–0.1811	1.0258***	0.8447**
x_2	0.0780	0.1048	0.1828

变量	直接效应	间接效应	总效应
x_3	0.1706*	−0.0760*	0.0946
x_4	0.0964	−0.0011*	0.0952
x_5	−1.1390***	−1.7474***	−2.8865

五、生态文明区域协同发展空间效应分析的基本结论

改革开放四十多年的发展使我国实现了从站起来到富起来的历史性转变，以 GDP 高速增长为目标的政策导向驱动了生产要素在空间上形成集聚。那些资源匮乏的地区为了摆脱资源束缚主动放弃传统的增长方式，依靠制度创新和技术创新实现了更快的经济增长；而资源丰裕的地区却陷入了资源依赖型的增长陷阱，经济增长步履维艰甚至停滞不前。随着自然资源利用广度和深度的不断扩展，自然资源在经济发展中的地位不断改变，而交通发达使得自然条件和自然资源对生产资源的制约逐步削弱，社会分工和产业链的不断细化和延伸也使越来越多的行业不再直接依赖自然资源，这为我国生态文明区域协同发展提供了深刻背景。本章研究的结论与启示如下：

第一，我国生态文明水平空间分析特征明显，呈现"东南高，西北低"的态势，分化出了"六极三带"的空间格局，即我国生态文明水平既呈现点状的不平衡，也呈现连片东、中、西部的带状不平衡；生态文明水平较高的极化地区（如广东、山东、上海、江苏、浙江和京津冀等地）开始出现向周边梯度辐射效应。因此，我国生态文明建设既要重点关注"六极"中的生态文明水平较低的青海、宁夏、四川和重庆这两极形成的机理和内因，又要关注东部、中部和西部三个极化带生态文明水平割裂的成因；加强极化地区生态文明建设的水平和

能力则是我国生态文明建设的主要着力点，发挥这些极化地区生态文明势能的辐射作用，催生这些极化地区与周边区域在空间层面上自组织协同演化的动力。

第二，我国生态文明区域势能有显著的全局相关性，但是全局相关性在 0.45—0.5 区间震荡，且有下降趋势，生态文明势能在区域之间的张力没有达到平衡，全国生态文明水平处于非平衡状态向平衡状态渐变演进过程中。全国生态文明水平的非均衡状态演变过程既来源于生态文明势能区域集聚形成的板块张力之间的摩擦，也来自于不同地区生态文明势能状态的跃迁产生的震荡冲击力，从而形成了生态文明水平区域和整体发展的原动力。

第三，我国生态文明势能网络呈现东部网络逐渐完善并向西部发展扩张，演进出较为显著的"中心—边缘"结构特征，呈现多极化的发展趋势。网络密度增加了生态文明势能节点之间的互动程度，推动各地区生态文明势能均衡发展，节点聚类系数的增大和特征路径长度的递减呈现出小世界网络的基本特征，提高了生态文明势能在网络中的传导效率。网络中各节点的生态文明势能的聚集与扩散效应逐年增强，推动了生态文明势能从单一中心向多极中心转变，带动了边缘节点向中心移动，降低了中介节点的生态文明势能控制力，提升了网络整体对节点生态文明势能的传输效率。

第四，我国生态文明水平影响因素的共性和差异性明显。东部地区和全国效应分解基本一致，在直接效应分解下，空间组织秩序、区域合作力度和收益分配格局三个因素的影响对东部地区各地的生态文明协同度有明显的促进作用，而市场开放程度和政府管理强度虽有正向作用但不显著。间接效应分解下，市场开放程度、空间组织秩序和区域合作力度系数都为正，说明它们对各地邻域的生态文明协同具有积极的溢出作用，且收益分配格局和政府管理力度都为负，表明东部地区内各地对邻域生态文明发展有阻碍作用。这五个指标影响下，东部地区生态文明发展和全国同向进行。相比全国，差异性在于东部地区市场开放程度的影响作用明显减弱，且在空间组织秩序、区域合作力度和收益分配格局的影响下，各地只产生了明显的集聚效应，而溢出效应较弱，表明东部地区需要将重心从提高自身经济效益转向健全互助机制，从而实现一体化协同发展。

中部地区与全国一致，各项系数都为正，说明在五个指标的影响下中部地区内各地的生态文明水平呈良好趋势发展。间接效应中市场开放程度、空间组织秩序和区域合作力度也都为正，说明在这三个指标作用下存在正向溢出效应，收益分配格局和政府管理力度都为负，表明在这两个指标作用下全国各地对邻域生态文明发展存在着阻碍作用，从而导致中部地区也受到一定影响。比较差异性可看出，中部地区市场开放程度较全国来说，直接效应明显提升，但总效应减弱并不显著，表明市场开放程度在促进本地区生态文明协同度的同时，对相邻地区间的生态文明协同也产生了阻碍作用，区域合作力度对生态文明协同度的正效应明显增强，表明中部地区也需要加大对空间规划及合作的建设力度。

然而，西部地区空间组织秩序、区域合作力度和收益分配格局与全国一致，为正值，表明在这三个指标影响下，西部地区会与全国生态文明水平同向发展。而间接效应下市场开放程度和空间组织秩序也同样为正，并且市场开放程度也发挥重要作用，表明全国市场化指数提高的同时，西部地区的生态文明协调也能得到良好发展。而差异性在于，西部地区总效应分解下只有市场开放程度显著并有促进作用，同时政府管理强度对生态文明协同的阻碍作用在全国三个区域中是最强的，说明在较强的地方保护条件下，西部地区存在市场分割和贸易壁垒现象，区域内要素流动受到阻碍作用，限制了外地资源进入本地市场或本地资源流向外地。

第四章　我国生态文明区域协同发展的系统构成与驱动机制

中国特色社会主义进入新时代，我国社会主要矛盾的变化是关系全局的历史性变化，当前我国"要在继续推动发展的基础上，着力解决好发展不平衡不充分的问题，大力提升发展质量和效益，更好满足人民在经济、政治、社会、生态等方面日益增长的需要，更好推动人的全面发展和社会整体的全面性进步"①。新发展理念引领新发展实践，协同发展注重解决发展中的不平衡问题，着力解决发展机会公平和资源配置均衡。②生态文明区域协同发展立足于区域之间的资源交换与调配使用，达到相互作用、相互依存、互惠共利、结构合理的状态，从而形成区域内外的良性循环，这是实现我国生态文明区域协同发展的目标。围绕这一目标，需要从系统共生的市场运行、空间组织、合作互助、援助扶持与复合治理等角度，寻求推动生态文明区域协同发展所必需的动力产生机理以及维持改善该机理的运行条件。推动生态文明区域协同发展系统建设，有利于重构共建共治共享区域协同发展格局。

---

① 习近平：《决胜全面建成小康社会　夺取新时代中国特色社会主义伟大胜利——在中国共产党十九次全国代表大会上的报告》，人民出版社 2017 年版，第 11—12 页。

② 习近平：《习近平谈治国理政》（第二卷），外文出版社 2017 年版，第 206 页。

第一节　生态文明区域协同发展的系统构成

在推进生态文明区域协同发展的过程中，不同区域依托自身的资源、经济、管理等优势，在资源节约集约利用、生态环境保护、国土空间优化、生态文明制度建设等方面不断进行物质、能量和信息交换，以缓解冲突，打破制约，达到互惠互利、相互依存、协同发展的模式和态势。在生态文明区域协同发展态势形成的过程之中，不同区域之间的资源、环境、空间、经济和社会等系统不断地良性作用并向更高层次发展，形成有利于生态文明区域协同发展的系统。生态文明区域协同发展系统是区域之间生产与消费活动所依存的经济社会综合系统及其各个子系统（如资源系统、环境系统、经济系统、社会系统、制度系统等）组成的复杂系统（见图4—1）。在系统内部，不同区域系统之间以不断重构资源协调、权力协调、管理协调为导向"推进绿色发展、着力解决突出环境问题、加大生态系统保护力度、改革生态环境监管体制"①、优化国土空间开发等。重构的力度决定协同的程度，各子系统要明确自身在大系统中的角色定位和责任担当。在舍与得、破与立中"消除体制机制的束缚、产业发展的路径依赖，改变同构性的功能布局、同质化的竞争格局，形成服务于区域协同发展整体功能定位的协同治理体系"②。在不断共同演化与发展的过程中，系统内部不同利益相关者之间维持着利益平衡，并紧密围绕人类命运共同体的可

---

① 习近平：《决胜全面建成小康社会　夺取新时代中国特色社会主义伟大胜利——在中国共产党十九次全国代表大会上的报告》，人民出版社2017年版，第50—52页。
② 中共天津市委理论学习中心组：《做足协同大文章　打造发展新引擎》，《求是》2017年第7期。

持续性生存和社会总体的永续性发展这一基本问题，始终坚持以人民为中心的价值取向，不懈追求在全区域实现资本利润最大化和自然环境伤害最低化，并在区域市场机制、空间组织、合作互助、援助扶持及复合治理等机制的驱动下，实现不同区域的综合协同发展，不断满足生态文明区域协同发展过程中广大人民群众全面发展的美好生活需要，实现人的解放。

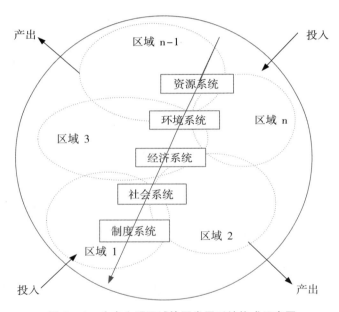

图4—1　生态文明区域协同发展系统构成示意图

一、资源子系统

人类发展首先需要从自然界开发获取满足自身需要的物质和能量，而土地、矿产、水源、生物、海洋等天然存在的自然生成物，正是这些物质和能量的主要来源和布局场所。这些存在于自然世界、能够被人类获取且满足自身需要的物质形态构成了自然资源的基本范畴。作为人类社会发展的物质基础和生态产品的主要来源，自然资源内各种构成要素相互联系相互制约，形成了稳定的系统属性、系统结构和系统功能，成为决定特定时空范围内生态文明建设、发展的重要前提。

一方面，自然资源的存量与结构规定了其在区域经济社会发展和生态文明建设过程中的投入规模与流动方向，并由此形成经济、环境和生态价值，为不同地区人们实现对美好生活的向往提供物质保障和分工合作的基础。另一方面，自然资源作为基本生产要素投入生产过程，在生态文明建设中通过技术与制度创新改变传统的生产函数及其投入产出关系，形成具有区域特征的生产方式，并在市场机制和政府管理机制的作用下，为不同区域互联互通实现绿色发展创造结构、质量与动能协同跃升的条件。因此，生态文明区域协同发展的资源子系统，是以自然资源具体构成要素为基础，融合了技术、制度、管理等其他重要条件构成的综合体系。在这一子系统内，自然资源以其特定的属性和功能，决定区域内部和区域之间的分工合作及生产活动的空间关系，成为生态文明区域协同发展的载体和依托。

随着经济社会发展阶段的演进与资源稀缺性的显现，资源子系统在生态文明区域协同发展中的地位日益凸显。一些自然资源禀赋较弱而工业化水平较高、产业结构重型化的地区，尽管通过产业结构优化升级和绿色技术创新等关键性举措，极力促进了生产方式的转变。但是，受到自然资源技术经济属性的制约，这些地区的生产活动仍然很难摆脱对自然资源的依赖，客观上决定了这些地区需要通过更多的市场交换活动，从区域外部获得更多资源要素的供给。而一些自然资源禀赋较好而工业化水平较低、产业结构偏向轻型化的地区，其生产过程对自然资源的投入需求相对低，区域内部自然资源供给相对丰裕。因此，在市场机制的作用下，资源丰度各不相同的地区，形成了以生产要素和产品比较优势为基础的交换活动。这样的交易机制，促进了区域之间生产体系的分工合作与优势互补，催发形成了日益丰富的多级多带区域发展格局。但是，受到要素市场和产品市场价格形成与传导机制的影响，不同类型区域之间基于自然资源要素的生产与交换活动往往引发资源供需双方利益协调、资源开发规模与强度、资源交换伴生的生态环境价值让渡等方面的矛盾和问题。

工业文明时代，一些国家因资源耗竭产生了严重的社会影响和沉痛的历史教训。"绿水青山就是金山银山"。随着生态文明建设进程的深化，协调共享的绿色发展美好图景，引导人们在生态文明区域协同发展中获得更多理性。这种理性表现在，人们日益重视和探索如何更好安排资源子系统，在"山水林田湖草"这样宏大的生命共同体中，实现自然资源商品属性与生态属性的有机统一，既更加有序地开发利用自然资源，以更加有效地引导和促进生态产品在生产系统之内的高效合理流动，又不断寻求节约集约型的资源开发和利用方式，力图更好地协调人与自然的关系，使之对经济增长、生态健康和人类发展产生更加积极的作用。这种致力于健全区域经济管理和社会治理机制的探索，将促进自然资源在产业部门、区域空间内实现有序高效调配，从而充分发挥资源子系统对生态文明区域协同发展的本源性贡献。

因此，在资源子系统内，如何利用清洁化、可再生的自然资源来替代具有较强环境影响、非可再生的自然资源，已经成为不同区域之间促进生态文明协同发展的重要内容。在我国绿色发展的生动实践中，越来越多的地区实施创新引领和区域合作发展战略，以更加强劲有力的绿色技术创新拓展新能源、新材料等自然资源开发利用的领域，并在此过程中加强应用基础研究，实现资源循环与节约利用环节的前瞻性、引领新科技成果的研发转化，从而使以资源利用效率为导向的社会分工形式和产业发展方式在生态文明区域协同发展过程中作出了更多的贡献，为促进区域间各类自然资源保护、有效流动与优化配置注入了新活力和新动能，也使生态文明区域建设的资源子系统构成及其有序运行获得了新内涵和新功能。

二、环境子系统

在生态文明区域协同发展的过程中，区域经济和社会的发展需要有相应的资源的发展为其提供基础性支撑和保障，但是，人们对以煤炭、石油、天然气为主体的非可再生资源的不断消耗却大大提高了区域生态环境质量恶化的风险。同时，随着生态文明区域协同发展过程中各类经济管理、社会治理与控制目标的提出，改善区域生态环境质量已经成为人们日益增长的美好生活需要的重要组成内容，因此，生态文明区域协同发展中资源的发展必须面对区域生态环境问题提出的严峻挑战，并不断满足区域内广大人民群众日益增长的美好生活需要。也就是说，在生态文明区域协同发展的过程中，既要注重发挥资源的商品价值，实现资本利润最大化，为人们的生存和发展提供必需的物质生产生活资料，也要注重发挥区域资源的生态价值和公共产品价值，坚持以人民为中心的价值取向，实现区域生态环境伤害最小化，保护好区域生态环境以维持生态系统所具有的水土涵养、环境保护、生态保育等自然功能，以及自然风光所具有的净化心灵、陶冶情操的生态效用。

在推动生态文明区域协同发展的过程中，各种环境因素与经济系统、社会系统相互联系、相互作用、相互制约，形成一个整体，构成了生态文明区域协同发展系统中的环境子系统。环境子系统的内外各构成要素通过各种不同的途径和机制相互作用，产生了自身的变化发展。随着区域内人口增长，资源等无节制地被开采利用，区域生态环境的生态价值和公共产品价值被抛弃，由资源消费带来的固态、液态和气态污染造成了一系列区域生态环境问题，导致生态文明区域协同发展系统中环境子系统自我调节、自我平衡的功能逐渐减弱。然而生态文明区域协同发展中资源协调、权利协调、管理协调的实现离不开环境子系统的有序运行。只有当环境子系统的各种要素在结构、秩序与功能上得到合理安排时，它才能在区域资源开发利用并产生区域环境影响之时，保持系统本身的稳定性和协调性。值得注意的是，环境子系统的组成物质在数量上有一定的比例关系，在空间上具有一定的分布规律，所以它对区域内人们生态活动的支撑能力是有一定限度的。

生态文明区域协同发展系统中环境子系统对经济、社会所产生的环境服务能力突出地表现在两种情形之中：其一，尽管在生态文明区域协同发展过程中资源开采活动在不断展开，但是区域内整个环境子系统还是具备强大的物质条件，通过提供自然风光、野外生活空间和自然美的享受等途径支持生态文明区域协同发展中经济活动的发展；其二，尽管在资源开发、利用与流通活动中产生的区域环境污染影响了人们的生存与健康，但是环境子系统以自身独有的生态平衡能力为人们提供生命支持——人们依赖并维持生物圈稳定的自然过程，如保持物种多样性、维持不同物种和生态系统的稳定性、保持大气的组成成分、遵循气候的规律性等，使得区域内的人们能持续地从这一子系统内得到繁衍生命的各种条件。生态文明区域协同发展中的一个重要问题就是解决环境问题，实现区域环境的可持续性发展。生态文明区域协同发展中的问题包含在区域现代社会发展的各个进程之中，而这其中，环境子系统的发展必将对生态环境的保护发挥越来越显著的作用。

三、经济子系统

生态文明区域协同发展过程总是在一定地域内由一种或几种经济活动的若干单位通过选择区位、空间组合形成具有一定结构和功能的区域经济活动空间组织实体，即生态文明区域协同发展系统中的经济地域子系统。它通过一定的空间组织形式把分散于不同地域空间的环境资源、经济资源、社会资源联结起来，使区域经济活动能够有效循环地运转起来，并产生特有的区域经济效益。这些效益主要包括集约节约资源、节约成本、聚集资源和规模经济等几个突出方面。具体表现为：

一是区域经济主体之间，通过加快创新以节能技术为核心的资源能源高效利用技术以及产业化废弃物处理和清洁生产技术等措施，来拓展废弃资源能源的梯级和综合利用的范围，实现绿色发展和保护生态环境系统等。[①] 二是资源在区域流动过程中，试图选择合适区位进行优化配置，以便在资源配备的过程中能有效节约运费、减少相应的劳务和管理费用支出。三是由于相关生态经济活动在区域空间上得到合理组合，使得技术、市场、劳力、基础设施、资源和产品等在相互利用方面得到互补与共享，进而产生来自生产聚集的区域的经济发展

---

① 　王红、齐建国等：《循环经济协同效应：背景、内涵及作用机理》，《数量经济技术经济研究》2013 年第 4 期。

效率收益。四是区域内的资源因区位优势、合理集聚而获得良好的利用机会，由此而引起区域经济活动规模收益增大的产生，这也在一定程度上保障了生态文明区域协同发展应有的经济效益。这些循环经济效益的生成，离不开区域之间在协同发展的过程中，基于资源协同发展基础上的经济权利与经济管理的协同发展。

经济地域子系统作为生态文明区域协同发展系统的重要组成系统，具有显著的属性特征，并通过这些属性产生生态文明区域协同发展的影响，进而促进整个社会经济系统的有效运行：

一是区域经济协同发展模式选择上具有差异性和多样性。主要有四种模式：第一种是位于长江三角洲地区城市间的典型中心—腹地模式，它根据中心城市与腹地的差异化发展来促进生态产业链延伸，并通过城市的区域功能定位，推进区域生态产业结构整体结合与分工；第二种是位于成都市温江区的典型"飞地"模式，即：在空间上分离且不在同一行政区划内的合作双方（李俊阳、夏慧芳，2006），因彼此之间具有强烈的资源互补优势、生态产业关联性和发展时机上的相随性等条件，通过实施区域资源要素优化配置提升协同发展效应，强化生态文明区域协同发展中的共建共管协调机制从而减少争端；第三种是位于"湘鄂渝黔"省际边境区域的典型省际毗邻边缘区模式，其通过制定区域发展规划、破除行政壁垒、全盘布局区域生态生产、服务基础设施建设、打造区域性招商引资共同体等措施来加强区域资源总体发展的宏观管理，推动资源要素流动，扩大区域内资源的经贸交流；第四种是居于"长株潭"城市群的典型省内城市间模式，当某区域满足资源经济互补、城市间交通条件便捷、地理邻近三个条件时可选择该模式，通过协调各方资源利益关系和推进多维合作，建立城际协调机制等措施实现区域协调发展。[①]

二是在区域空间上具有包含性和共容性。即区域内同类型的资源消费经济地域按空间尺度可以分为若干等级，且空间尺度大的经济地域子系统一般都包括了若干个同类空间尺度大小的经济地域系统。在同一地域中，比该地域空间尺度小或相当的不同类型地域子系统可以同时存在。

三是在时间上具有动态性和相对稳定性。随着时间的推移，经济地域系统会随着区域协同发展中资源生产和消费的变化而发生结构与功能上的变化，且通过多种方式由低级向高级经济地域子系统转化，或由于复杂原因而中途萎缩消亡；但在某一区域经济地域子系统之内，尽管其结构在更新、系统功能在变化，但在特定时期内仍能保持自身区域协同性总体特征的稳定性。

经济地域子系统的结构赋予其一定的整体功能，并以经济活动单位的功能为基础而产生一定的生态文明区域协同发展功能。经济子系统的功能主要表现在内外两个方面。一方面，在区域系统内部进行一些经济活动，发挥着特有的影响作用，如改变生态文明区域协同发展过程中的资源消费总量、结构与效率选择以及改变生态环境承载能力等，并对地域内的其他相关经济活动产生影响，从而成为全社会经济整体的一部分；另一方面，在系统外部的经济地域子系统，包括资源及其他各个组成要素，一旦通过生态技术经济联系、资源投入产出关系以及生态空间分布与组合而融合在一起，就形成了一个相对独立的生态经济系统，在这一体系内，一种要素的发展变化必须服从生态文

①　李琳：《区域经济协同发展：动态评估、驱动机制及模式选择》，社会科学文献出版社2016年版，第128—167页。

明区域协同发展的整体需要，即受其他组成要素多方制约，同时也会引起其他要素的发展变化。因此，生态文明区域协同发展过程离不开其地域经济子系统的支持与运行。地域经济子系统是生态文明区域协同发展的承担主体。

四、社会子系统

生态文明区域协同发展中的社会是一个有机共同体。作为一个共同体，不同区域的社会成员必须能够生活在一起；同时，作为一个有机体，生活在不同区域之间的社会成员存在着这样或那样的关联性。如果不同区域社会成员不能生活在一起，那么就很难形成一个共同体，更不能形成一个有机体。也就是说生态文明区域协同发展中的社会是一个具有多面向并且它们之间互为平衡的有机体。深化改革、持续发展、健康稳定、开放共享应是我国社会在生态文明区域协同发展过程中所要追求的目标方向，但就目前的实际情况来看，在经济快速发展的背后，区域社会还不够稳定，"根源在于经济领域和社会领域之间没有边界。政治权力站在经济利益这一边，导致经济领域和社会领域的失衡"，[①] 导致保护社会的机制缺失或还不健全，导致社会领域呈现非生态和谐的失序危险。

在生态文明区域协调发展系统中重塑的社会子系统是由生活在不同区域间的人和他们之间的生态、经济、政治、文化等关系构成的有机共同体。这个社会系统具有强烈的保护性，它通过建立一套完整而具生态性的社会保障制度，来保护区域内的每一个社会成员，在保

---

① 郑永年：《重建中国社会》，东方出版社 2015 年版，第 56 页。

障其基本生存权的同时保障其基本的公民生态权，包括享受高级生态产品服务的权利、保障生态健康安全的权利、获得绿色环保居住环境的权利、接受生态文明教育的权利等，从而推进不同区域间在分配资源、社会资源等方面的分工有序、开放共享、互通有无、互利合作，维持生态文明区域协同发展过程中的社会平衡和稳定，共建区域美丽家园，不断满足区域内人民日益增长的美好生活需要。

在生态文明区域协同发展的视角下重构生态社会系统，需要注意以下问题：

第一，经济领域和社会领域之间的平衡。多年来，在生态文明区域协同发展的过程中，以 GDP 数据为标准的经济增长被赋予最高的政策重要性，在 GDP 主义指导下，错误地把经济政策应用到区域社会领域，导致医疗、卫生、教育、公共住房等社会领域高度市场化并成为地方支柱性产业，而这些社会公共服务领域是完全排斥市场机制的，从而逐渐导致社会领域的不稳定和失序。所以在生态文明区域协同发展的过程中，要在环境建设、医疗服务、生态文明教育、公共绿色住房等社会领域进行相关的生态性制度建设，建设一批具有强生态社会性的企业即生态公共部门，为区域内的全体社会成员提供必需的生态公共服务产品。同时，建立在强社会保护制度之上的区域消费社会有利于推动全国消费社会整体的形成，对化解西方社会的贸易保护主义具有积极作用。

第二，政府管理和社会建设之间的平衡。"我国是一个政府主导下的社会……有效的社会管理取决于国家和政府或者政府和人民之间的平衡。"① 在生态文明区域协同发展的过程中，要使区域发展的社

---

① 郑永年：《重建中国社会》，东方出版社 2015 年版，第 113—114 页。

会形成自我管理的良好秩序，那么就要求各地方政府在政策制定和政府管理时提供足够的社会空间，如此才能培育发展出生态文明区域协同共生的社会自组织。实现这一目标，首要层面就是具有社会的自我组织和管理体系，即各地方政府能够把那些可以自我管理的生态环境领域如信息公开、立法听证、执法监督等环节开放给社会本身，政府则对涉及区域生态公共利益的社会领域进行引导、激励和规制；第二层面是构建和完善地方政府、企业、公众多元主体相互融合、互为促进的协作关系体系。地方政府顺应企业和社会发展的需要，不断深化管理机制改革，切实做到简政放权，把一些政府必须参与的生态环境管理事务委托给企业组织或非政府组织，在减少管理成本的同时，提升生态环境问题治理能力的公正性、公开性和持续性；第三层面是地方政府围绕资源节约、环境友好型社会建设的需要，催发政府主导、社会参与、利益协调、价值实现的工作实施体系，凝聚生态文明区域协同发展的社会发展动能，为社会个体和群体活动提供广阔舞台，着力推进解决生态文明区域协同建设中社会参与相对弱化的问题。

第三，重视区域生态社会自治机制的培育。现在的社会治理模式，是以国家治理为主，市场治理开始出现，社会治理在我国发育不足。在各区域公众广泛参与的基础上建立起来的生态环境管理自组织治理，有利于区域协同发展中大社会和强社会的培育和发展，因为它不但能对区域政府生态环境治理起到制衡作用，而且具有运行零成本、能够自我激励的优点，应成为区域间生态协同治理的目标模式，因为"建设生态文明要以社会文明为载体，把建设美丽中国化为人民的自觉行动"①。促进生态文明区域协同发展根本上是为了广大人民群众，也必须依靠广大人民群众。同时，在生态协同治理模式下，不同区域在资源集约节约利用、生态环境保护、国土空间优化和生态文明制度建设等方面具有平等性，它们之间就有可能按照自主治理的方式来解决各种生态环境问题。

第四，保证区域流动人口的社会融合。生态文明区域协同发展的一个重要原则就是区域人口布局要与当地生态环境承载力总体匹配。当前，我国"总体上人口布局与生态环境承载力呈匹配局面，但是按照《联合国防治荒漠化公约》的标准，我国很多生态脆弱地区人口仍然大大超过了该地区的环境承载量"②。建设集中承载区，是现代生态化城市发展的一般规律，也是区域协同创新发展的成功经验（孙久文，2017）。积极推进集中承载区内的基本生态公共服务均等化，包括医疗生态环境建设、提升生态文明教育、促进绿色就业、生态精准扶贫、生态养老园区建设等方面，以及构建新型人口服务管理体制等来推动区域间人口流动的社会融合。这种区域人口融合不仅可以缓解地区性的环境承载压力，还可以增强生态文明区域协同发展的人文交流和人才资源整合能力，为进一步强化生态文明区域协同发展奠定坚实的人才基础。

五、制度子系统

生态文明区域协同发展是一种调整区域社会生产关系的过程，需

---

① 黄承梁：《新时代生态文明建设的有力思想武器》，《人民日报》（理论版）2017年4月24日。

② 曾刚等：《长江经济带协同发展的基础与谋略》，经济科学出版社2014年版，第163页。

要依托相应的制度架构。"只有实行最严格的制度、最严密的法治，才能为生态文明建设提供可靠保证。"① 当前，我国生态文明区域协同发展中存在的突出问题，大都与体制不完善、机制不健全有关。加快建设一个具有良性制度效应的、以"人民为中心"的社会制度体系将成为推进生态文明区域协同发展的关键所在，② 加快体制改革，着力破解制约生态文明区域协同发展的体制机制障碍。生态文明区域协同发展系统的制度子系统是由不同区域间在政治、经济、文化与社会等领域"制定或形成的一切有利于支持、推动和保障生态文明区域协同发展的各种引领性、规范性和约束性的规定和准则所组成的完整体系"。③ 这一制度体系是合理的、进步的、科学的、合乎人类经济与社会发展规律的、有生命力的，以及被广大人民群众所向往、追求与拥护的制度体系。

生态文明区域协同发展需要依托制度体系建设才能够健康发展。生态文明区域协同发展在资源调配、环境保护、经济发展、社会管理等方面的协同都需要相应的制度支撑。因此，要下大力气消除各种隐形壁垒，下决心破除区域之间限制资源要素自由流动和优化配置的各种体制机制障碍，"立足地区资源优势，尽快建立优势互补、互利共赢的区域一体化发展制度体系，取得协同效应"，④ 切实打造区域体制机制创新高地。在政治管理上，需要借助区域生态政治力量利用国家权力协

---

① 中共中央宣传部：《习近平新时代中国特色社会主义思想三十讲》，学习出版社 2018 年版，第 250 页。

② 靳利华：《生态文明视域下的制度路径研究》，社会科学文献出版社 2014 年版，第 312 页。

③ 马丽雅：《经济新常态下民族地区全面建成小康社会的思考》，《柴达木开发研究》2017 年第 6 期。

④ 景平：《写好京津冀协同发展这篇大文章》，《求是》2017 年第 8 期。

调人与自然的关系。在经济管理上，需要引导区域生态市场机制，保障区域生态市场经济稳定有序发展。在政策上，需要发挥区域政策的引导功能来推动生态文明区域协同发展行动，发挥政策的激励性来推动生态区域协同发展，发挥政策的凝聚力和号召力来提升区域协同发展意识。在法律上，需要发挥区域法律的强制性和权威性，约束并规范不法行为，解决区域环境利益纠纷。在思想道德与价值观上，需要将生态文明区域协同发展的价值观和理念融入传统文化思想之中，实现传统思想观念的生态化更新。制度系统是生态文明区域协同发展的可靠保障，一个合理、有效而现实的制度体系构建则显得异常重要。

深化生态文明区域协同发展体制改革，需要尽快把生态文明区域协同发展的制度体系建立起来，把生态文明区域协同发展纳入制度化、法制化轨道，建立完善生态文明区域协同发展机制体制的系统架构。加快构建人才培养制度和激励制度，在对区域人才进行准确分类的基础上，建立科学宽容且有针对性的人才培养体系，并适当考虑制定高级人才的特殊优惠政策，大力培养在资源集约节约利用、生态环境保护、国土空间优化开发等方面的专业科研人才，补齐生态人才发展培养的"短板"。构建归属清晰、权责明确、监管有效的区域资源资产产权制度，着力解决区域资源所有者不到位、所有权边界模糊等问题。构建以区域空间规划为基础、以用途管制为主要手段的区域国土空间开发保护制度，着力解决生态文明区域协同发展过程中因无序开发、过度开发、分散开发导致的优质耕地和生态空间占用过多、生态破坏、环境污染等问题。

构建以区域空间治理和空间结构优化为主要内容，区域统一、相互衔接、分级管理的空间规划体系，着力解决区域空间性规划重叠冲突、部门职责交叉重复、地区规划朝令夕改等问题。构建覆盖全区域、科学规范、管理严格的区域资源总量管理和全面节约制度，着力解决区域资源使用浪费严重、利用效率不高等问题。"构建反映区域市场供求和资源稀缺程度、体现自然价值和代际补偿的资源有偿使用和生态补偿制度，着力解决区域资源及其产品价格偏低、生产开发成本低于社会成本、保护生态得不到合理回报等问题。"① 构建以改善区域环境质量为导向，监管统一、执法严明、多方参与的区域协同发展环境治理体系，着力解决生态文明区域协同发展过程中污染防治能力弱、监管职能交叉、权责不一致、违法成本低等问题。构建更多运用经济杠杆进行环境治理和生态保护的市场体系，着力解决区域市场主体和市场体系发育滞后、社会参与度不高等问题。构建充分反映资源消耗、环境损害和生态效益的生态文明区域协同发展绩效评价考核和责任追究制度，着力解决发展绩效不全面、责任落实不到位、损害责任追究缺失等问题。

第二节　生态文明区域协同发展的系统特征

基于上述系统结构的分析，生态文明区域协同发展系统结构运动的实质是，在区域资源自由流动与优化配置的过程中，资源结构、权力结构与制度结构之间的有机融合与协调发展。在既定的经济社会发展水平下，不断寻求资源商品、生态、公共产品属性在资源结构中的有机统一，寻求与此相应的经济权力、政治权力、社会权力在权力结

---

① 《中共中央国务院印发〈生态文明体制改革总体方案〉》,《人民日报》2015 年 9 月 22 日。

构中权力边界的厘清与动态平衡，寻求经济管理、政治管理、社会治理的重构与新的制度文明的形成。那么，在此基础上，还需要进一步分析该系统结构所具有的系统性属性特征（见图4—2），从而才能对该系统有更加深厚的理解和更加准确的把握。

一、复杂性

资源、生态环境、国土空间等作为区域存在与发展的基本生产要素，其开发利用存在于资源开发地区和消费地区内部所形成的资源、环境、经济、技术与制度等诸多子系统之中。同时，"伴随着区域资源的流动与调配过程，在资源流入地与流出地之间也形成了不同的区域空间组合，在这些区域空间组合之间又形成了相互作用的复合系统，各个复合系统又由不同的子系统和元素组成。系统内部各子系统及其组成要素之间，以及系统与外部环境之间"①存在复杂的非线性交互作用，这些元素及其参数之间的内在作用使得系统内部形成了一些固有的内在结构、组成要素、组织模式与制约机制，从而限制或激发了系统演化与发展的复杂性。

总的来说，生态文明区域协同发展系统的复杂性，不仅体现在资源开发与利用的不同区域（行政单元或经济单元）内部的经济结构、制度结构、区域分工、市场秩序、产业布局、生产要素流通及资源消耗、环境保护、空间开发等方面存在的相互竞争与合作关系之中；还体现在资源生产与消费区域之间在社会、政治、经济系统及资源、环境和空间系

---

① 刘鹏：《区域能源供给结构低碳化模型配置系统及实现机制研究》，《工业技术经济》2014年第6期。

统之间的相互关联、相互作用之中。① 在区域联系中，在联系的过程中形成了所涉及的系统、子系统以及要素在循环运行，物质、能量与信息交换中不断经历着由混沌、模糊和无序到清晰、确定和有序状态的交替与转变。因此，当自然资源生产区和资源消费区内部以及区域之间的市场机制、产业结构、合作模式、管理制度、权利分配等条件发生变化时，资源在不同区域之间的流动和调配将会产生直接且明显的变化，并直接决定不同区域资源生产和消费的总量、结构与效率，进而引起生态文明区域协同发展目标的实现。因此，生态文明区域协同发展系统属于系统层次丰富、机制复杂、动态性明显的综合复杂系统。

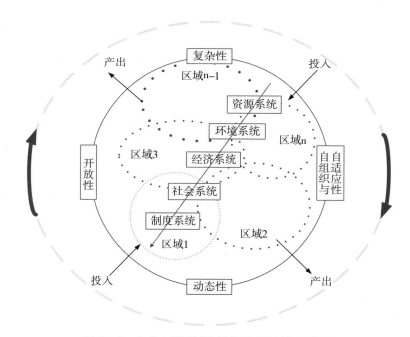

图4—2　生态文明区域协同发展系统特征示意图

①　曾珍香、张培、王欣菲：《基于复杂系统的区域协调发展——以京津冀为例》，科学出版社2010年版，第23页。

二、开放性

生态文明区域协同发展系统不是一个孤立的封闭系统，它的运行过程受到了资源消费地与生产地之间，资源、环境、经济与社会等诸多要素相互作用的影响。于是，生态文明区域协同发展系统具有了鲜明的开放属性，即生态文明区域协同发展系统"自身的运行与变化受到系统内外诸多因素的影响，并呈现动态性平衡发展特性，展现了较为典型的耗散结构。这要求区域生态协同发展系统在运行过程中，要不断从系统外部的环境中输入能量、物质和信息，形成有利于自身运行的能量与条件"，[①] 使生态文明区域协同发展系统在绿色发展、生态系统保护、生态环境监管等领域不断克服无序和混沌状态，而形成新的有序状态，并向更高水平、更高效率演化。经过各种复杂的资源交流与区域外部环境之间的紧密关联，生态文明区域协同发展系统本身将获得新的动力和功能。

基于此，生态文明区域协同发展过程不能仅局限于资源系统本身，而应树立大资源系统观，将生态文明区域协同发展过程中涉及的资源与"经济、政治等视为一个完整的有机整体，选择一个既包含区域经济社会发展又包含区域资源持续利用和环境保护的综合性资源"[②] 分析视角。理解资源流动变化与调配规律，必须切实地综合考虑区域资源、经济、社会、技术、环境等因素，从一个完整的、开放的、运动和变化的系统层面来寻求由各种因素在互相依存、互相牵制中形成的生态文明区域协同发展有机整体的内在变化发展规律。

---

① 刘鹏、孟凡生：《区域能源供给结构低碳化模型、配置系统及实现机制研究》，《工业技术经济》2014 年第 6 期。

② 王飞：《矿产资源战略评价模型与实证研究》，中国地质大学，博士学位论文，2013 年。

三、自组织性

自组织性是复杂系统演化过程的重要特性。生态文明区域协同发展系统本身具有一定的自我调节功能。在其演变过程中，在没有外界特定干扰的情况下，系统本身可以依靠系统内部的相互作用实现空间、时间和功能的结构性转化，以不断适应生态文明区域协同发展过程中资源配置和环境的变化，在能量与信息的积累过程中，不断提高自身的复杂程度，最终实现运行系统由低级向高级组织形式的演化。当一些不可控制的区域因素，如突发环境事件、市场运行等出现时，系统的自组织功能就会发挥其相应的作用来适应这些变化。生态文明区域协同发展系统的演化过程是一个自组织过程。由于区域市场的多变性，不同区域间人们对生态资源产品充足性和多元化要求增强，资源供给与配置周期将会相应缩短，日益激烈的区域市场竞争，促使资源生产与消费主体之间不断调整着自组织的行为，通常表现为结成区域合作的伙伴关系，从而在互动协作的过程中提高资源利用效率和环境保护力度。

具体来看，生态文明区域协同发展对单一资源产品而言，就是在将特定的自然资源转化为终端产品之后，直接销售给不同区域的消费者或消费部门。区域内的单个企业由于能力所限，很难承担全部生态产品的所有生产流程，因而就需要区域内其他配套的企业和部门加以分工与协作，因此便形成了以某一生态产品链为组织形式的资源供应系统。当产品种类增加时，生态产品的供应区就作为多个生态产品链的集合而存在，并形成了区域内外资源生产与消费部门之间的供需关系网络。在这个复杂的网络中，供需关系将各区域的各生态产品的供应链结合起来，形成了集成化的功能结构网络。生态产品的生产消费区与资源富余或紧缺区之间，在一定的规则下达成合作机制，进而有效地缩短区域生态产品的生产与运输时间，提高产品供给的规模与质量，降低资源流通的交易成本，从而能够较强地提高区域资源市场运行的效率。

第三节　生态文明区域协同发展的驱动机制

生态文明区域协调发展得以实现的基础性条件在于不同区域资源系统及其组成部分，即：资源、环境、技术、经济与社会等之间克服行政和经济区划的制约与冲突，根据资源协调、权利协调、制度协调的导向，通过区域之间的资源交换与调配使用，达到相互依存、互惠共利、结构合理、区域内外的良性循环的态势。然而，这种良性循环的实现受到了来自于市场、组织、合作、扶助及治理等诸多因素的限制。因此，基于不同区域资源发展的特征，从系统共生的市场运行、空间组织、合作互助、援助扶持与复合治理等角度（见图4—3），分

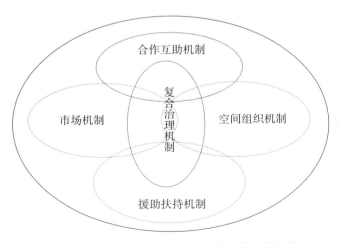

图4—3　驱动生态文明区域协同发展的实现机制

析推动生态文明区域协同发展所必需的动力机理以及维持和改善该机理的综合体系。探讨生态文明区域协同发展的实现机制，将对如何更好地促进生态文明区域协同发展提供理论与方法的支持。

一、生态文明区域协同发展的市场机制

（一）市场机制的内涵

在生态文明区域协同发展过程中集约节约自然资源、保护生态环境、治理环境污染、优化国土空间开发应"综合利用经济、法律和必要的行政手段。引入市场机制，实行政府机制与市场机制双重调节"[①]，能更好地发挥各自优势，更好地实现生态文明区域协同发展。生态文明区域协同发展的市场机制是指在区域资源开发利用过程中，为实现区域资源市场开放统一，在遵循资源协调发展市场规律的基础上而形成的生态经济市场化体系，该体系以提高资源的利用效率为指引来实现生态产品的跨区域流动，不断增强不同经济关联区域之间的联系，促进区域之间形成有利于专业分工和提高资源生产效率的经济关系、组织制度等。"该市场机制直接作用于区域经济发展中生态经济微观主体的利益选择，影响人们在资源投入与产出中所做的决策和行为"[②]，在区域生态经济系统中发挥着基础性和主导性的作用。生态文明区域协同发展市场化是培育新经济增长点的需要，而生态环保产业潜在市场巨大，是最具有潜力的新经济增长点之一。

生态文明区域协同发展的市场机制作为既定区域之间基本的资源

---

① 刘昕、李芳仪：《中国环境服务业发展的趋势及对策》，《绿叶》2017 年第 11 期。
② 赵家荣等：《永续发展之路 中国生态文明体制机制研究》，中国经济出版社 2017 年版，第 171 页。

调节方式有其特殊的运行过程。影响运行过程的核心因素在于资源供求关系这个基本要素的变化发展。具体来说，作为卖者的资源生产区或富余区与作为买者的资源消费区或缺乏区之间以及买卖者之间会根据资源市场价格状况发生变化，为了自身的经济利益展开多形式的竞争，竞争又会引起供求的变化。"这样，就形成了'价格—竞争—供求—价格'三个要素互相组合、互相制约、互为条件的一种循环过程。价格是这种循环的标志，价格的变化既是上一次市场机制要素循环运转的结束标志，又是下一次新的循环运转的开始，如此周期循环，实现着区域市场运动的自我调节。"[①]

（二）市场机制运行的条件

在市场机制发挥作用的区域生态经济体系，要实现资源的区域优化配置就必须充分遵循市场机制运行的导向与规则，并从市场开放、市场体系、企业发展和产业转移等角度推动区域市场机制的健康有序运行。

第一，打破要素产品市场封锁，形成统一开放的市场化格局。"加快构建统一开放、竞争有序的市场体系，是提高区域生态协同发展能源资源配置效率的基础。"[②]要素和产品的自由流动来自区域外部市场和内部市场分割的消除，打破区域市场封锁主要通过开放经济融入国家和世界市场来实现，区域价格改革主要通过流通领域的市场化改革完成。[③]不断提高资源要素市场化程度，"要坚持使市场在资源配置中起决定性作用，完善市场机制，打破行业垄断、进入壁垒、地方保护"①，同时也需要各区域政府加强经济管理，在"尊重资源市场运行规律的基础上，深化区域生态产品价格改革，激发市场活力，用政策引导市场预期，用规划明确投资方向，用法治规范市场行为"②。

第二，清楚区域市场分割障碍，建设协同联动的市场化体系。各地方政府在观念上调和进行区域资源市场分割的利益冲突，在制度上强化自身建立竞争有序市场体系的经济管理职能，并突出相关权利、义务与责任，完善服务业特别是生产性服务业市场的制度，为实现区域市场准入畅通、市场竞争充分、市场秩序规范、企业自主经营、消费者自由消费、生态商品和要素自由流动平等交换的区域协同发展的现代化生态市场体系而努力奋斗。

第三，提高耗能企业技术效率，建设绿色低碳的生态化企业。要让区域市场机制发挥其在资源流通配置中的决定性作用，离不开环保企业组织和产业的支持。耗能企业技术效率提高主要依靠企业自身知识积累和企业内部治理结构改善。努力从产权约束、激励相容、效率导向的层面加强企业内部治理结构改革，包括"工资跟效益挂钩"制度、"利改税""承包制""政企分开"、股份制改造等，以此带动企业管理效率、技术利用效率、规模效率以及资源利用效率的提升，实现区域企业跨越式发展，从而提高生态经济整体的微观技术效率。

第四，调整重工行业产业结构，实现"三高"企业的生态化转移。

---

① 中共中央宣传部：《习近平新时代中国特色社会主义思想三十讲》，学习出版社 2018 年版，第 148 页。

② 夏巨华：《浅论社会主义市场经济优越性》，《人力资源管理》2018 年第 4 期。

在工业化进程不断加快的背景下，一些资源消耗大、污染排放严重的重工业行业是区域产业升级换代关注的重点，通过因地制宜的区域产业结构调整和产业转移等方式，对这些行业进行适度限制，并通过技术创新和管理创新降低这些行业的资源消耗与污染排放。

二、生态文明区域协同发展的空间组织机制

（一）空间组织机制的内涵

资源在区域之间实现优化配置，还有赖于区域之间合理有效的空间组织秩序。这一机制运用生态经济区划、主体功能区划、区域发展战略、区域规划、空间开发模式、空间资源环境管理等多种空间组织方式，对区域空间的内外经济活动进行全局谋划，对各区域的功能定位、资源开发利用布局、区域空间经济网络建设、资源环境承载能力区域性危机化解、经济发展结构调整和转型升级等进行战略指引。[①]为增强区域之间的资源联系，促进区域分工与合作，优化空间组织活动秩序，提高区域内外的资源经济效率提供强有力的空间组织保障。

发挥生态文明区域协同发展空间组织机制的作用，将生态经济区划与主体功能区划进行耦合是一种更好的选择，即以各区域生态经济功能去修订主体功能区的功能，使基于经济比较优势和区际分工产生的各区域经济功能与用来满足发展、生态环境协调、人与自然和谐要求的主体功能结合起来，从而确定各区域新的主体功能。这种新主体功能既体现发展权利、满足发展要求、发挥经济比较优势、促进区域

---

① 周名良：《工业化、污染治理与中国区域可持续发展》，经济管理出版社 2012 年版，第190 页。

合理分工，同时又能实现发展与生态环境协调、人与自然和谐。不仅能为区域分工提供空间基础，而且能够统筹规划全国区域分工的总体格局，[①]更好地发挥主体功能区划对促进生态文明区域协调发展的作用。

（二）空间组织机制运行的条件

实现生态文明区域协调发展，改善制度和政策环境对提高区域资源利用效率具有重要作用。就我国区域经济的发展和改革而言，梯度发展模式特征显著。一方面，在国家政策引导及经济地理的自然分布下，形成了"四大经济特区—东部沿海开放城市—东部地区—中西部地区"的梯度发展模式。在此布局的引导下，资源利用的制度条件、技术水平和管理手段得到不断更新，从而促使资源效率在这些区域不断提高；而另一方面，从20世纪90年代中后期开始为缩小地区发展差距的系列区域发展推动战略被相继提出来，如"西部大开发""振兴东北老工业基地""中部崛起"等，促进了欠发达区域经济社会发展，也极大地推动了当地工业发展和资源消耗。

但是，由于这些地方约束众多，加之地方政府急功近利的"赶超"政策，使得当地那些资源富集的地区地走进了"资源诅咒"的陷阱，而一些资源不够富集的地区，也走向了"三高"的粗放型发展道路。进而，在全国范围内，形成了资源效率区域之间从东部到中部再到西部地区不断递减的"雁形分布"。也正由于不断形成的梯度发展模式与空间战略的影响，我国各地区在区域之间资源开发利用上产生了显著的区域差异。当然，同时也使得各个区域发展之间呈现出了高度的空间相关性，且各省经济效率的提高在空间上也呈现相关性。这种相

---

①　覃成林：《区域协调发展机制体系研究》，《经济学家》2011年第4期。

关性在区域经济发展的时空变换之内，将对资源的区域优化配置提供实现的可能性和必要性。经济效率通过两种机制产生空间联系。一种是"极化效应"或称"回流效应"，它指周边地区各种优质生产要素向中心地区聚集；另一种是"涓滴效应"或称"扩散效应"，它指中心地区的生产技术、经验和要素等向落后的邻近地区扩散。就资源优化配置的过程而言，如果极化效应超过涓滴效应，在循环累积因果关系作用之下，将导致落后地区经济效率和生态经济的增长变缓。因为大量的资源在未能保障低能效区域资源需求的前提下集聚到了高能效区域，从而使低能效区域减少了必要的生态生产要素，其资源利用效率必然较低。同时，过多的资源优势利用技术、设备和管理手段在高能效区域聚集而鲜有扩散，势必加剧区域经济系统运行的不平衡性和不充分性。

所以，在资源实现优化配置过程中，要更加注重区域之间的协同发展，比如政府通过政策性扶持减免发展落后地区企业税收（文雁兵，2015）；或基于区域比较优势进行产业布局，高能效区域主要从事研发、销售等较高附加值生产，而将加工组装这些低附加值环节转移至具有资源和劳动力优势的低能效区域等（崔向阳等，2018）。这使得资源优化配置的扩散效应尽可能大于回流效应，在这其中，如果欠发达地区要获得比较优势布局的实得利益、实现比较优势的动态爬升，就必须在接受发达地区输送管理经验、技术设备、人力资源的过程中积极挖掘自己所在区域的特有优势，形成特色经济，并不断加强职工培训和研发投入，提升自生的能力。① 只有这样在发达地区向欠发达

---

① 胡安俊、孙久文：《产业布局的研究范式》，《经济学家》2018 年第 2 期。

地区渗透的过程中，才能共同实现区域经济发展效率的提高和持续性增长，增进人民的福祉。

三、生态文明区域协同发展的合作互助机制

（一）合作互助机制的内涵

生态文明区域协同发展还依赖于区域之间资源的合作互助机制。区域之间在资源开发、利用及消费等领域展开合作互助是区域生态经济发展的一种重要方式。合作互助机制正是基于区域经济合作而产生的经济关系和组织体系，相关区域按照自愿参与、平等协商、互惠互利、优势互补的基本原则，在资源要素流动、建立共同市场、促进资源开发、协调产业发展、强化生态环境治理与保护等诸多方面，采取合作行动，减少或消除无效竞争，形成区域发展合力和关联互动发展格局，在保证促进区域自身经济发展的同时，充分提高国家整体的资源开发利用效率。

我国区域类型多样，所以，需要积极探索建立多层次、多样化的区域资源合作体系。具体包括三个层面：一是按照合作互助主体划分，包括政府间合作、企业间合作两种基本形式。二是按照合作空间层次划分，包括跨三大战略区域的省际合作互助、以城市群或都市圈为主体的城市区域合作以及空间相邻的省际边界区域合作互助。三是按照合作内容划分，主要包括资源开发、产业发展、市场开放与建设、基础设施建设、信息共享、技术创新与应用、生态环境治理等合作互助形式。加强生态文明区域协同发展的主要任务是区域之间通过各类经济行为，使国家区域资源合作真正走上规范高效的轨道，从而实现资源的自由流动和优化配置，明确各区域政治

经济权力的边界，以及相应经济管理、政府管理、社会治理的重构，从而加快限制和冲击地方保护主义、地方政府短期行为，维护各区域利益相关者的利益平衡。

（二）合作互助机制运行的条件

我国"区域资源合作要根据区域之间经济发展的需要，以及区域内各组成要素互惠互利的空间关联原则进行。它以国家经济总体发展为政策指导，有具体的法律运行和保障框架，以共同发展经济、增加经济产出总量、升级和优化区域产业界为前提和最终目标"①。区域合作互助是实施资源优化配置的重要途径。当前，我国自然资源开发利用中的区域合作尽管效果良好，但仍然存在着一些突出的问题。一方面，展开合作的区域产业结构水平及所具备的资源结构参差不齐，能效高低不一，对合作中所需的资源总量和各类分量缺少精确判断。另一方面，当前区域合作运行体制还不够完善，长期合作的区域组织框架和结构还未能有效建立。这些不足都在不同程度上阻碍了区域资源合作效率的提高。因此，要更加深入展开资源的区域合作互助，还需进一步完善相关的区域合作互助机制，以更加高效地促进区际资源的适度合理开发、互利互惠及区域经济的整体协同发展。

第一，明晰资源区域合作的总体目标。总体目标是：加速具有较强空间联系区域之间的资源协调、经济协调与制度协调，实现区域之间资源有效供给的均衡化，既满足发达地区的资源能源供给需求，又能推动欠发达地区资源能源生产结构的转型升级，不断缩小发达与欠发达地区的经济差距。

---

① 杨念：《泛珠三角经济合作圈的能源合作框架探讨》，《中国能源》2005 年第 7 期。

第二，完善资源区域合作的宏观环境。政府部门加强经济管理，督促区域内各方积极推进资源产品、服务等的合作进程，不断促进资源市场的无障碍化，区域资源合作监管体制的有效化和透明化，完善不同区域之间在资源开发等项目上的法律、财政监管体系，在区域的联建联动中充分解决资源产业的融资、开发及效率优化等问题。

第三，健全区域资源合作统筹管理部门。统筹部门的重要职责在于控制、调配、审批、集中管理区域合作的所有项目，形成区域合作的核心体系。协调部门主要负责协调区域之间的政策制度、相关产业链，以及畅通投融资渠道等。与此同时，还需建立一个运行管理部门，负责区域资源能源合作运营中的相关市场运作流程，并执行统筹部门制定的合作计划并及时反馈项目的执行情况，实时监控区域可持续发展环保指标的变化情况等。

第四，健全区域资源合作互助的信息平台。加强开发利用技术的区域联合研究与开发。合作信息平台主要向合作区域之间发布资源科技数据、科技文献、科研设备、科研机构、科技人才、科技政策等方面的信息，资源科技信息只有透明无碍地充分流动、实现区域共享，才能为实现优化配置、降低研发成本、提高资源利用率作出贡献。这将成为区域资源合作与资源技术转移实现突破的一大关键。

四、生态文明区域协同发展的援助扶持机制

（一）援助扶持机制的内涵

区域援助扶持也是资源实现区域优化配置的重要组成部分，它是克服市场盲目性、滞后性、不完备性的重要手段。区域援助扶持机制

主要是指资源缺乏但效率较高的发达区域对资源富集但生产率较低、且经济技术条件落后的欠发达区域，在资源供给过程中提供资金或技术支持，援助欠发达地区提高经济技术发展水平和资源经济效率。欠发达区域在自然资源、生态环境或其他生产要素方面向发达区域提供支持，而发达区域也应反哺欠发达区域，向其提供相应的资金、技术和人才等优惠条件，最终实现互惠互利共同发展。

推进这一机制建设，仍以资源发展为主线，使扶持区域与经济发展质量好、资源效率高的区域形成持续稳定的"经济技术联系，充分发挥各自的比较优势，支持帮扶区域摆脱'资源诅咒'"①的困境，从总体上改善全国资源经济发展的效率与格局。建立健全援助扶持机制，关键在于实现相关机制的创新性发展。

（二）援助扶持机制运行的条件

建立资源发展的区域援助扶持机制，就是运用区域互助、国家扶持、生态补偿相结合等方式，对资源开发利用技术水平低、生产效率落后的区域进行技术、管理等方面的指导和帮助，以完善这些地区的资源、经济与社会发展条件，提高其自我发展能力，实现经济社会发展与资源高效集约利用。需要强调的是，区域生态补偿方式应以区域生态经济与生态环境协同发展为目标。在这其中应加强中央政府补偿的力度，完善政府补偿的方式，以确保对关系到国家生态安全、生态屏障建设而不能实施资源开发和大规模利用的区域进行必要和及时的生态补偿，同时，在具体实施生态补偿的过程中还要充分重视市场交易性补偿的补充作用。

---

① 张香君：《湖南省经济空间变化分析》，《当代经济》2018 年第 2 期。

一是深入发展创新区域援助。这项工作的重点是改善欠发达区域资源生产、开发、流通与消费的经济技术条件，提高其发展资源但又不仅仅只依赖于资源的自我发展能力。同时，还需要国家和政府资源管理部门倡导和出台相关措施，并建立相关的区域互助激励机制，既从政府管理的角度，对欠发达区域地方政府进行激励，又从社会公平的角度，采取褒奖和税收优惠等行政、经济手段，对企业组织和个人进行激励，坚持将资源战略型地区作为区域互助的重点，加强对这些地区的对口支援。

二是加快建立健全国家扶持。在这一机制的支持下，中央政府利用经济政策和经济杠杆，主要包括中央财政转移支付、拨款、优惠贷款、税收减免等政策，加快欠发达区域发展。一方面，建立以"促进区域协调发展和资源优化配置为导向的中央财政区域转移支付制度"[①]。充分考虑东部、中部、西部区域之间、各省区市之间资源发展和效率提高要求，构建出综合性强的财政区域转移支付制度，拟定财政转移支付的规模和方式，并将欠发达区域作为转移支付重点。另一方面，建立公平合理的区域间生态产品税收制度。按照促进区域公平的要求，加强跨区域税收制度建设，引导产业合理有序转移、促进区域分工。

三是加强贯彻落实生态补偿。生态补偿落实程度与效果会直接影响资源生产区域与消费区域的利益关系、协调发展程度及国家政治经济形势的稳定。所以，贯彻落实生态补偿如果不能形成一个长效机制，很有可能半途而废并且伴随道德风险。从京津冀流域生态联防联控与

财政横向转移支付的实践经验中获得的启示是，长效生态补偿机制应该是一种受到法律保护的契约，这一契约或合约、合同有利于规避道德风险，统筹区域协同发展的需求。[①] 在契约约束下，综合运用行政和市场手段，在遵循受益区域付费原则、保护区域得到补偿原则、破坏区域付费原则、公平补偿原则等原则的基础上，"调整生态环境保护与建设相关各方利益关系的环境经济政策，它主要针对区域性生态保护和环境污染防治领域。"[②] 建立区域生态补偿机制的关键在于确定生态补偿的原则、方式，并实现从部门要素补偿到区域综合补偿。

五、生态文明区域协同发展的复合治理机制

（一）复合治理机制的内涵

生态文明区域协同发展还需要政府加强制度上的变革，采取有利于促进市场机制、空间组织机制、区域合作互助机制、援助扶持机制有机融合进而发挥系统性作用的经济社会政策与管理有效手段。这种由不同协同发展实现机制有机融合而形成的系统性作用，有助于实现资源的高效集约利用，并形成符合区域经济协同发展要求的资源区域复合治理体系或协同治理体系。

复合治理机制是中央到地方各级政府在促进生态文明区域协同发展的过程中形成的一项新型管理职能。中央政府的职能主要包括：通过制度重构，推动生态文明区域协同发展驱动机制的综合运行，并为其发挥应有的作用提供保证；制定和完善有利于推动国家资源区域配

---

① 齐子翔：《京津冀协同发展机制设计》，社会科学文献出版社 2015 年版，第 126—136 页。
② 徐国梅、王媛、辛培源：《长白山国家级自然保护区生态补偿机制的探讨》，《环境保护科学》2018 年第 1 期。

置与调整的政策，促进和提高全国资源流通与消费效率；在既定国家发展战略和资源发展框架内，为资源富集的产区提供技术、人才与资金支持，并有效管理这些区域的资源产量及生产效率，包括统筹推进重大跨区域资源生产、运输基础设施建设和生态环境治理工程建设等。在此过程中，地方政府的职能主要包括：结合国家资源发展与区域发展战略，调整所在区域的资源配置与流动政策，完善本区域内的主体功能区划分和空间规划，贯彻落实国家关于资源节约高效利用的政策和法律，为实现资源的集约节约利用、生态环境保护、国土空间优化和生态文明制度建设等方面的目标而不懈奋斗。

（二）复合治理机制运行的条件

生态文明区域协同发展复合治理机制在组织保证、管理工具更新和制度重构等层面，综合形成了有利于生态文明区域协调发展的社会功能与经济效益。

首先，复合治理机制的实施需要强有力的组织保障。根据国家资源管理和区域协调发展的要求，需要建立有具体职能和工作章程的组织保障机构。其工作职能主要包括：制定国家资源区域发展战略、资源主体功能区划、资源空间战略规划，并对各省市进行上述制定和落实工作进行指导和统筹；在资源区域优化配置问题上积极和各区域政府进行信息沟通和政策协商，以更加有效地促进区域资源集约节约利用、生态环境保护、国土空间优化和生态文明制度建设等；听取社会公众和专业人员对促进生态文明区域协同发展的意见，组织开展重大决策研究，并组织起草生态文明区域协同发展的有关政策和法律。

其次，复合理治理机制的实施还需要政策制度的支持。建立促进生态文明区域协同发展的政策制度，在总结古今中外有关管理经验、政策及实践效果的基础上，结合国家资源区域规划、区域资源合作、区域资源互助与国家扶持区域发展、区域生态补偿、企业跨区域发展、重点产业跨区域转移促进等重要经济社会发展问题，逐步完善生态文明区域协同发展的政策与制度体系。

总之，生态文明区域协同发展受到诸多的影响和制约，要寻求促进其发挥作用、取得实效的积极条件，必须将生态文明区域协同发展过程放置在一个由资源、环境、经济、制度与社会等要素构建的系统视角之内展开分析和研究。在资源有效调配的过程之内，作为整体的不同地域空间及不同范围之内的诸多利益相关者，通过相互牵制、相互依存构成了具有一定功能和结构的复合体系。

基于前文的论述，笔者认为，生态文明区域协同发展系统是不同区域之间所具有的资源、环境、经济、社会和制度等综合系统及其各个子系统组成的复杂系统。在这一系统内，不同区域的系统之间以资源效率和生态环境改善成效引导下的生产要素区域流动与调配作为关系的系统连接。他们在不断共同演化与发展过程中保持系统内不同利益相关者之间的利益平衡，以市场机制、空间组织、合作互助、援助扶持以及复合治理等途径减少冲突、化解矛盾，实现不同区域的协同发展。生态文明区域协同发展系统结构体现为资源区域流动中的资源系统、环境系统、经济系统、社会系统、制度系统五个维度以及五个维度的有机融合与协调发展。在既定的经济社会发展水平下，不断寻求有利于生态资源区域流动与优化配置的系统结构优化，并建立和完善促进这些优化目标得以实现的机制，将会产生促进生态文明区域协同发展的直接结果。

生态文明区域协同发展系统有其固有的特征，主要表现在复杂性、开放性和自组织与自适应性。生态资源系统内不同的子系统及其组成要素之间以及系统与外部环境之间存在复杂的非线性交互作用，这些元素及其参数之间的内在作用使得系统内部形成了一些特定的内在结构、组成要素、组织模式与制约机制，从而限制或激发了系统演化与发展的复杂性。生态文明区域协同发展系统具有鲜明的开放属性，即系统自身的运行与变化受到系统之外诸多因素的影响，并呈现了动态性平衡的发展特性，展现了较为典型的耗散结构。在一个时间段内，资源节约集约利用、生态环境保护、国土空间优化、生态文明制度建设等方面发展状况的变化在一些具体的生态资源发展因素和配置系统中得到体现，进而引起了生态文明区域协同发展的内容、实现过程以及实现结果的变化。这使得生态文明区域协同发展过程具备了鲜明的阶段特征和动态属性。自组织与自适应性是复杂系统演化过程的重要特性。生态文明区域协同发展系统本身具有一定的自我调节功能，在其变化发展的过程中，假如不存在外界因素的干扰，系统可以依靠自身内部各要素的相互作用实现空间、时间和功能的结构转化。

根据资源使用效率和生态环境保护的导向，通过区域之间的资源交换与调配使用，达到相互作用、相互依存、互惠共利、结构合理的状态，从而形成区域内外的良性循环，这是实现我国生态文明区域协同发展的目标。围绕这一目标，我国必须立足于系统共生的市场运行、空间组织、合作互助、援助扶持与复合治理等角度，深入把握推动生态文明区域协同发展所必需的动力产生机理以及维持改善该机理的运行条件等综合内容。在对市场机制运行的理解中，应重点把握市场开放、市场体系、企业发展和产业转移对生态文明区域协同发展的重要意义；在理解空间组织机制时，应深化认识我国不同地区主体功能区划所确定的区域经济功能以及提升区域间资源环境与经济社会协同发展效益背后蕴含的政治经济学原理。

第五章　促进我国生态文明区域
协同发展的政策建议

　　生态文明区域协同发展系统生机活力的激发，驱动机制强大动力的唤醒，都需要有一套体系健全、内容完整的政策建议来为其保驾护航，这既是生态文明区域协同发展的客观要求，也是贯彻落实习近平生态文明思想和"创新、协调、绿色、开放、共享"的新发展理念的内在要求。促进生态文明区域协同发展归根结底需要通过具体生态文明区域协同发展政策的制定与实施来得以落实和实现。现阶段及今后一段时期内的主要任务和目标就是：如何通过区域政策工具的综合运用，在考虑资源环境承载能力、明确不同区域功能定位的基础上，系统协调区域邻近地区绿色发展权力，形成分工合理、比较优势充分发挥的区域经济发展格局，实现生态价值区域转移，形成资源有效利用、生态环境得到保护和改善的格局，以及基于生态文明建设制度跨区整合而增强区域社会保障能力的格局。本章的主旨是在前述内容基础上，勾勒出促进生态文明区域协同发展的政策体系框架，提出促进我国生态文明区域协同发展的总体思路和具体政策建议。

第一节　促进生态文明区域协同发展的政策取向

促进和实现一国范围内生态文明区域协同发展，必须依靠政府区域政策的实施。区域政策作为中央政府干预生态文明区域协同发展的重要工具，通过政府的集中安排，可以有目的地针对某些区域的环境问题灵活运用奖励或限制等各类区域政策，以改变由区域资源调配形成的空间结果，促使区域经济的发展与区域环境格局相协调，并保持区域自然资源得到优化配置，环境污染得到有效治理。从广义上讲，生态文明区域协同发展政策就是国家为了促进地区之间生态文明同向同行、互惠共荣发展而采取的各项政策措施的总和。这需要在实践经验的基础上，构建出促进生态文明区域协同发展的一揽子政策体系，为各地政府促进生态文明区域协同发展提供可供选择的政策目标、工具类型与作用对象的组合。

一、激励与约束相容

从生态文明区域协同发展涉及的最终目标及目标体系要求出发，生态文明区域协同发展政策的运用，涉及对各类型发展政策的选择和组合。生态文明区域协同发展政策由一系列具体的政策所组成，既涉及区域生态援助和限制性环保政策、区内环保政策和区际环保政策，也涉及财政税收政策、金融货币政策以及生态投资政策和生态产业政策，须在区域政策的实践中根据生态文明区域协同发展政策的具体目标、国情和区情予以综合权衡、组合运用。

就可能选择的政策性质而言，区域政策包括生态奖励性政策和限制性环保政策。前者通常被称为援助性政策，集中体现为对特定区域在自然资源节约集约利用、生态环境保护、国土空间优化、生态文明制度建设等方面予以直接或间接支持的各种工具集合，亦即为区域生态补偿政策或区域生态援助政策，主要用于对欠发达地区进行生态协同发展的援助。限制性环保政策则是对特定区域在自然资源节约集约利用、生态环境保护、国土空间优化、生态文明制度建设等方面给予一定限制或强制措施，这在我国生态主体功能区划政策的规划中有明显体现。

就政策的作用对象而言，按照我国当前区域经济社会发展的阶段与状况，可以将之划分为落后区域政策、萧条区域政策与膨胀区域政策等三种类别。落后区域政策主要是有重点地援助生态环境脆弱且资源利用效率低的欠发达地区，促进其尽快获得建设成效和发展水平的提高；萧条区域政策重视的是曾经经历较快经济增长而又陷入资源枯竭、增长停滞或衰退的老工业区和资源枯竭区域，这些区域需要通过一定手段帮助其调整发展结构重新获得发展动能；膨胀区域政策主要是运用直接控制或许可制度，限制并分散人口与经济活动过度集中导致环境承载压力过大地区的发展。[①] 当然还有其他的一些分类依据与结果。但是，无论如何，作为国家促进区域经济社会发展的意志体现和权力工具，作为人们能动地改造客观世界的措施，区域政策必然有其明确的目标诉求。

在生态文明建设问题上，区域政策的最终目标是实现生态文明区域协同发展，具体包括：一是协调生态价值区域转移以改善区域生态环境质量，二是支持协助邻近地区绿色发展权的系统协调以缩小区域

---

① 陈秀山：《区域协调发展目标·路径·评价》，商务印书馆 2013 年版，第 262 页。

经济发展差距，三是跨区整合生态文明建设制度以增强区域社会保障能力。这是由我国社会主义的本质所决定的，也是中国特色社会主义制度优越性和生命力得到彰显的重要标识。当然，在不同发展阶段或对处于不同发展状况的区域而言，生态文明区域协同发展政策不是抽象的，而是具体的；不是盲目的，而是针对现实区域问题，明确提出更为具体的政策目标。

二、区际与区内互通

促进生态文明区域协同发展的区域政策，不仅涉及区域之间生态文明诸多构成要素的协同作用及其关系政策，更是各地区内部生态文明构成系统之间协同发展关系政策。当然，限于本书所讨论的问题指向，这个问题不是本书关注的重点。因此，必须高度重视这种区域内部生态文明子系统的内在关系，只有处理好了这种内部关系，实现了单个区域生态文明建设成效的改善和整体水平的提高，才有可能为周边地区生态文明建设提供资源、经验和支撑作用，才有可能在全局或跨区域层面为生态文明区域协同发展提供可能。

当然，无论是区内还是区域之间的生态文明协同政策的制定实施，政策主体都需加以明确并赋予相应的权威性和执行力。所以，生态文明区域协同发展的政策主体是政府。就区域内部生态文明系统之间的协同性而言，发挥关键作用的主要是相应行政层级的地方政府，其主要目标就是要调整单个区域内的生态、经济和社会发展秩序，实现局域性的人与自然和谐共生。而在区域之间，区际层面的生态文明协同发展关系政策重点是解决区域生态文明发展总体水平差距、生态环境保护问题及相应的社会保障力度不协调不兼容的问题，因此，这就必须是具有强大权威性和统领性的中央政府作为政策决策主体。从促进生态文明区域协同发展的要求来看，生态文明区域协同发展既包括了国家层面区际关系的协调，也要求各区域自身的良性发展。

现阶段，我国促进生态文明区域协同发展的政策优化方向之一，应是坚持以区域生态奖励政策（或称之为生态补偿政策或生态援助政策）及其系列工具的运用为主，以控制政策及其工具为辅。鉴于我国的大国国情、改革开放后快速变革而直接催生的落后、萧条和膨胀三类区域病症的同时并存的客观事实，同时借鉴国际生态协同发展的实践经验，我国现阶段和今后一段时期，生态文明区域协同发展政策实践应当以区域生态奖励政策为主，加强对欠发达地区、老工业基地、生态脆弱区域的援助和补偿，突出政府间财政转移支付在确保区域基本生态公共服务均等化、资源集约节约、生态环境保护、国土空间优化以及区域差距逐步缩小等目标上的援助作用。与此同时，辅之于直接（禁止）或间接政策，以抑制膨胀区域的过度膨胀。

三、区域与产业联动

促进生态文明区域协同发展，区域政策的制定和实施，必须重视区域政策和产业政策的协调。协调区域生态文明发展关系须注重区域产业布局政策的应用。产业布局为生态文明奠定坚实的经济基础和物质保障，并因其衍生的生产方式主导形成既定的资源利用方式和环境治理情景。因此，从本质上讲，建立合理的区域分工关系、优化区域产业布局的过程就是生态文明区域协同发展的过程。产业布局政策既是生态文明区域协同发展政策体系中极为重要的组成部分，又是产业政策体系中不可或缺的重要内容，前者主要从生态文明区域协同发展的角度建立和完善区域间的产业分工关系，而后者则是根据产业发展的生态技术要求，鼓励或限制特定地区发展某种产业。

"产业政策主要以生产方式为调节对象，促进生态产品供给数量和质量的提高；区域政策主要以地区为调节对象，不仅涉及区域产业协调发展问题，而且还涉及生态正义、社会公平、健康安全和民生改善等问题。"① 通过有效的产业布局政策可以促进各地区发挥地区比较优势，建立合理的产业分工关系，以实现资源在空间上的优化配置。就我国来说，主要是明确沿海与内陆、东部与中西部、东北地区、主要经济区以及各省区市之间的产业分工关系，推动各地区发挥相对比较优势。

在此过程中，各地区要充分考虑区域资源、环境、经济与社会等方面发展的新形势、新特点，建立健全系统、科学的区域发展与产业优化升级的决策机制，充分挖掘区域比较优势，不断提高产业、土地、财政、环保、人才等政策的精准性和有效性，按照我国供给侧结构性改革和实现高质量发展的内在要求，因地制宜、因时制宜培育和激发区域产业结构调整和换代升级创新发展的动能。随着"美丽中国"建设进程的深化，各地区还需坚持"绿水青山就是金山银山"的生态文明发展理念，以坚持用最严格制度最严密法治保护生态环境为前提，结合区域发展质量变革、效率变革和动力变革的现实需求，突出重点产业、区域自然资源消耗和污染物排放的标准设计与监测监管，有效防范产业发展导致的生态环境风险。随着我国市场经济体制的不断完善，区域之间的经济贸易合作不断加强，实现产业升级和产业转

① 王一鸣：《关于制定"国家区域政策纲要"的基本思路》，《宏观经济管理》1997年第5期。

移成为我国区域经济发展的重要内容。但是，要实现生态文明的区域协同发展，还必须加强产业转移承接过程中的环境监管，形成联防联控，防止跨区域污染转移。对于生态功能重要、生态环境敏感脆弱区域，要坚决贯彻习近平总书记"保护生态环境就是保护生产力、改善生态环境就是发展生产力"①的生态文明思想精要和中央政府提出的政策导向，坚决抵制不符合主体功能定位的各类开发活动。中央预算内投资和中央财政专项转移支付要加强政策力度，扶持中西部等欠发达地区和东北地区等老工业基地建设，深入推进西部大开发和促进中部地区崛起的政策措施落地见效。中西部地区、东北地区要结合区域发展优势，适时动态调整区域发展的产业指导目录，地方政府对优势产业和适宜产业发展给予必要的政策倾斜。在国土空间和土地资源开发利用方面，各地区要面向我国区域协调协同发展大局，保障跨区域重大基础设施和民生工程用地需求，倾斜关于边境和特殊困难地区的建设用地计划指标。人力资源是区域发展的关键，也是生态文明区域协同发展的重要依托。各地区要高度重视节能环保、土地修复、新能源新材料开发等绿色创新领域的人才培养、引进和利用，鼓励人才到最重要、最急需的行业和部门工作，并提供相应的安置优惠政策，使之更加积极、稳定、持续为区域产业发展贡献力量。

第二节　促进生态文明区域协同发展的总体思路

促进生态文明区域协同发展要以习近平新时代中国特色社会主义

---

① 习近平：《习近平谈治国理政》，外文出版社 2016 年版，第 209 页。

思想和十九大精神引领生态文明区域协同发展政策全局，在政策中深入贯彻落实"创新、协调、绿色、开放、共享"的新发展理念。具体实施中，要以中央政府的生态文明区域协同发展政策调控为主导，充分调动各级地方政府参与的积极性。要遵循区域主体功能定位，以区域援助为主，综合运用生态奖励政策和限制性环保政策工具，围绕区域生态利益和发展权利公平、协调这一主线，建立健全符合我国国情、区情的生态文明区域协同发展政策体系框架和发展体制机制。其中，政策目标的重点应是：在实现自然资源商品、生态和公共产品三大属性有机统一的基础上，全面提升区域自我发展能力和竞争能力，形成不同区域间在分配自然资源、经济和社会资源等方面的分工有序、开放共享、互通有无、互利合作、优势互补的发展模式。这种模式致力于推动形成区域差距逐步缩小在合理范围，地区基本生态公共服务均等化，区际良性互动，市场一体化加强，资源有效利用及生态环境得到保护和改善的生态文明区域协同发展格局。

一、立足时代背景，明确指导原则

在习近平新时代中国特色社会主义思想和党的十九大精神的指导下，全国各地区正在深入贯彻落实新发展理念，为构建现代化经济体系作出努力。从区域协同发展战略目标的提出沿革来看，其战略目标的正式提出是在我国国民经济和社会发展第九个"五年计划"时期，主要针对的是改革开放以后我国日益扩大的区域差距问题。党的十八大以来，以习近平同志为核心的党中央顺应时代和实践发展新要求、紧跟我国社会主要矛盾的变化，为着力解决好区域发展不平衡不充分问题，提升区域发展质量和效益，[①]厚植区域发展优势，明确提出"要坚定不移贯彻'创新、协调、绿色、开放、共享'的新发展理念"，并在党的十九大报告中确定为新时代中国特色社会主义建设的基本方略之一。新发展理念的确立，赋予了区域协调发展新的时代要求、内涵和价值标准，成为习近平新时代中国特色社会主义思想指导下我国生态文明区域协同发展的根本遵循。

创新是引领生态文明区域协同发展的第一动力。这要求各地区牢固树立创新发展理念，把创新摆在生态文明区域协同发展全局的核心位置，不断推进生态文明区域协同发展理念创新、制度创新、技术创新、文化创新和管理创新，让创新贯穿生态文明区域协同发展的全过程和各方面。协调是区域生态协同持续健康发展的内在要求，树立区域生态发展的协调理念，就必须牢牢把握住区域生态文明建设的总布局，正确处理区域发展的生态、经济、社会等关系问题，重点推动区域之间的协调发展，不断增强生态协同发展的整体性和协调性。绿色是区域生态协同永续发展的必要条件，强调在区域协同发展中"坚持人与自然、人与人、人与社会的和谐共生，坚持节约资源、保护环境的基本国策，坚持走生产发展、生活富裕、生态良好的发展之路"，[②]加快建设资源节约型、环境友好型的区域协同生态发展格局。开放是区域生态协同繁荣发展的必由之路，注重区域发展中的内外联动，致力于解决我国生态文明区域协同发展的总体水平还不高，各区域运用区内区外多个市场、多种资源的能力还不够强等问题。

---

① 习近平：《决胜全面建成小康社会　夺取新时代中国特色社会主义伟大胜利——在中国共产党第十九次全国代表大会上的报告》，人民出版社 2017 年版，第 11—12 页。

② 陈理：《新时代统筹推进"五位一体"总体布局的几个特点》，《党的文献》2018 年第 2 期。

区域之间要本着互利共赢、互通有无的发展理念，进一步破除障碍，完善合作规则，推进要素市场一体化，比如建立健全区域人才流动制度、建立区域统一的产权交易平台等。[①] 共享是生态文明区域生态发展的本质要求，"治天下也，必先公，公则天下平矣"，[②] 注重区域发展公平，"坚持以人民为中心的价值取向，坚持全民共享、全面共享、共建共享、渐进共享"，[③] 使人们在区域生态发展中有更多的生态获得感、生态幸福感和生态安全感。因此，促进生态文明区域协同发展是落实新发展理念的内在要求，也是建设中国特色社会主义伟大事业的重要支撑。在习近平生态文明思想和新发展理念指导下发展的社会是协调发展的社会，即人与人、人与社会、人与自然和谐共生、共生共荣的社会。因此，逐步缩小区域经济社会发展差距，促进区域经济社会协调发展，关系到不同区域间城乡居民能否共享生态文明建设成果和逐步实现共同富裕的大局，这是社会主义的本质要求。

二、坚持总体目标，把握政策重点

促进生态文明区域协同发展必须以全国生态文明水平的整体提高为总体目标，以协调生态价值区域转移改善区域生态环境质量、支持协助邻近地区绿色发展权来系统协调缩小区域经济发展差距、跨区整合生态文明建设制度增强区域社会保障能力等三个主要任务为政策重点。

---

① 侯永志、张永生等：《区域协同发展：机制与政策》，中国发展出版社2016年版，第146页。

② 习近平：《习近平谈治国理政》（第二卷），外文出版社2017年版，第199—200页。

③ 中共中央宣传部：《习近平新时代中国特色社会主义思想三十讲》，学习出版社2018年版，第107—109页。

一是协调生态价值区域转移以协同改善区域整体生态环境质量。从实践来看，生态文明区域协同发展政策的制定和实施针对的都是一定阶段和时期内突出的区域环境问题。改革开放以来，各地区保持了高速的经济增长，经济实力显著增强，但同时也积累了大量生态环境问题，这些问题成为明显的短板，严重影响到生态文明区域协同发展的质量和水平。所以生态文明区域协同发展，必须注重生态文明建设的整体效能，直接瞄准我国各地区生态环境恶化的现实，加快不同区域进行资源节约型、环境友好型社会建设，克服部分区域受生态环境约束加剧抑制全局或流域性生态环境改善的"木桶效应"，齐心协力、同向同行应对和防范生态环境恶化的趋势和风险，不断改进区域生态环境质量和绿色发展的整体性、协调性。

二是支持协助邻近地区绿色发展权的系统协调以缩小区域经济发展差距。我国资源空间分布极不均衡，各区分工定位不明确，不少区域过度开发导致资源环境质量退化，综合承载力下降，经济增长的资源环境代价过大，可持续发展面临严重威胁。因此，在生态文明区域协同发展的过程中，要通过改革创新打破地区封锁和利益藩篱，破解区域产业结构冲突，以更加包容的视野来协调好影响区域产业布局的经济权力、政治权力和社会权力，以开放、共享的视野做好全局性的产业转型升级以提升全要素的生产率。产业转型升级是改善和优化区域生态环境的关键，因为传统"三高"产业结构和以煤为主的能源生产和消费方式，是造成区域生态环境恶化的主要原因。[①] 同时，在产业的跨区域转移中，通过协调区域经济管理、政府管理和社会治理的

---

① 陈璐：《京津冀协同发展报告》，社会科学文献出版社 2017 年版，第 216—217 页。

职能，支持协助邻近地区绿色发展权的实现，在合理的区域分工中，建立统一的产业发展规制和机制。建立健全生态文明区域协同发展的现代化经济体系，有利于促进资源输出地和输入地共同参与区域生态环境的保护，缓解和缩小区域差距，助力实现区域经济协调发展和共同繁荣。

三是跨区整合生态文明建设制度以增强区域社会保障能力。区域间经济差距呈现不断扩大趋势，同时，区域间基本生态公共服务均等化水平也迅速扩大，发达与欠发达地区间在基础设施、医疗卫生、文化、教育、社会保障等公共服务资源分配及生态产品、生态服务供给方面存在显著差距。在生态文明区域协同发展过程中邻近区域之间互利共赢、开放共享态势的形成，优美舒适人居环境的建设，安全可靠绿色产品的生产，自然资源永续利用的实现，人民群众生活质量的改善，都离不开可靠的社会保障以及基于政府职能优化而衍生的制度协调。在我国现有制度架构下政府已经被赋予了引导生态文明区域协同发展的职能。

三、优化政策组合，完善框架体系

促进生态文明区域协同发展必须综合运用生态补偿奖励、限制性环保政策工具，以形成最优政策组合。从国外区域政策工具的运用来看，在促进区域协调的过程中，政府针对不同区域的环境问题通常采用的是"刚柔相济""恩威并施""宽严相融"的政策组合，即生态补偿政策和限制性环保政策的综合应用。生态补偿政策以中央政府的财政转移支付（财政直接拨款）以及优惠贷款、减免税收等区域援助政策为主，主要针对欠发达地区，特别是因生态脆弱导致的贫困区域。

　　促进生态文明区域协同发展要根据我国落后区域生态环境问题长期存在的客观事实和提升我国整体生态文明建设水平的发展目标，将区域生态援助政策工具作为主要政策工具，同时站在促进区域整体空间生态结构优化和调整的高度，根据区域资源环境承载能力和发展潜力，因地制宜地形成高效、协调、可持续的国土空间开发格局。针对不同区域的环境问题，组合运用多种政策工具，以形成最优政策组合。一方面，政府应通过区域生态援助政策，坚持把深入实施西部大开发战略放在生态文明区域协同发展总体战略的优先位置，给予特殊生态扶持政策支持，走生态优先，绿色发展之路。加大对"老、少、边、穷"地区的扶持力度，"重点增加对禁止开发区域、限制开发区域的基本生态公共服务和生态环境补偿的财政转移支付，构建连接东中西、贯通南北方的多中心、网络化、开放式的区域开发格局，不断缩小区域生态协同发展差距"。① 另一方面，政府要通过产业准入、建设用地控制等限制性环保政策工具，合理调节不同生态功能区的发展。"综合考虑各地环境资源禀赋、区位条件和经济社会发展水平等因素，采用法律、经济、行政等多管齐下的区域协调发展手段，构建多元化的政策工具体系，使区域生态协同发展政策工具从简单化走向精密化"。②

　　促进区域协同发展需要建立与国情、区情相符合的生态文明区域协同发展的政策体系框架。主要应从设置区域政策协同管理机构、设立区域协同发展政策基金以及建立健全生态文明区域协同发展政策法律法规三个方面着手。就区域政策协同管理机构的设置而言，我国已

---

① 习近平：《习近平谈治国理政》（第二卷），外文出版社 2017 年版，第 206—207 页。
② 赵明刚：《中国特色对口支援模式研究》，《社会主义研究》2011 年第 2 期。

经设立中央生态文明建设体制改革领导小组等机构，来全权负责统筹、协调生态文明政策的制定、实施和监督反馈工作。但是，对如何从区域协同的视角推动生态文明建设工作，政策还需进一步深化，以明确各级政府在生态文明区域协同发展中的角色定位，提高地方政府在生态环境保护领域的现代化治理能力水平。就法律保障而言，在做好生态文明区域协同发展重点领域的环保立法工作时，要下大力气进行相关社会立法，使经济立法和社会立法之间保持平衡，只有这样，国家的法律体系才能在区域协同发展过程中实施有效的社会保护，因为"社会主义是保护社会的"①。为保持国家生态文明区域协同发展政策的稳定性和连续性，建议中央政府快速建立健全有关区域协同发展政策的法律法规，将所有相关区域政策的制定、审批、执行以及监督调整等过程置于法律框架之内以切实保证区域政策的有效实施。

第三节　实现生态文明区域协同发展的促进政策

生态文明区域协同发展以协调人与自然的关系为核心，以提高资源利用效率、改善区域生态环境质量、加大生态系统保护力度为主线，通过厘清政府、市场与社会的关系和边界，改变和创新区域之间生态环境管理的模式与机制，构建生态文明建设区域联动、互惠共生的治理体系和运行方式。为此，结合前文的研究，提出促进我国生态文明区域协同发展的具体政策建议。

---

① 郑永年：《重建中国社会》，东方出版社 2015 年版，第 166 页。

一、立足功能定位，发挥区域比较优势

促进生态文明区域协同发展，必须首先立足不同区域国土空间的功能定位，坚持因地制宜、因时而化、因事而新，灵活运用好政府和市场两种机制，针对优化开发、重点开发、限制开发、禁止开发区域的主体功能和相应的资源环境问题要求，引导好不同区域发挥比较优势，解决好区域之间利益协调和分工合作的突出问题，为生态文明区域协同发展奠定基础。

（一）完善禁止开发和限制开发区的生态补偿援助机制

实施生态保护补偿是调动各方积极性、保护好生态环境的重要手段，是生态文明制度建设的重要内容，[①] 也是促进生态文明区域协同发展的重要支点。从现有情况来看，我国生态补偿中，行政辖区注重自身权益，而缺乏区域联动的协作意识，横向生态补偿难度大。长期以来，中央政府反复强调横向跨界生态补偿的必要性和重要性，可回到具体实施过程中，除了由上级政府协调推动的生态补偿试点外，主动协调联系并建立跨地区生态补偿机制的案例很少，其主要原因是行政辖区之间在生态保护责任认识上难以达成一致，缺乏常态化协作机制。[②] 生态保护补偿直接涉及保护地和生态受益关联区域的发展权益，直接关系生态文明区域协同推进的积极性、主动性和创造性。

为解决上述问题，需要在中央政府的统一管理下，完善横向援助机制，逐步引导补偿资金从分要素投入到区域、流域的整体性补偿，并突破生态补偿对政府财政转移支付的依赖，以区域多种生态服务功能为载体，充分吸纳社会性补偿资金，探索建立长效管理机制，突破

---

① 国务院办公厅：《关于健全生态保护补偿机制的意见》，国办〔2016〕31 号。
② 胡旭珺等：《国际生态补偿实践经验及对我国的启示》，《环境保护》2018 年第 3 期。

行政区域限制，统筹考虑自然资源、环境、社会经济文化等因素，形成有效的生态补偿政策框架和实施方案。

同时，对东部发达地区或下游地收生态补偿税，建立生态补偿基金，以实施生态保护和建设项目开展生态保护领域的对口支援。中央政府投资重点支持生态脆弱的禁止开发或限制开发区的生态公共服务基础设施建设、环境保护建设。通过支持当地发展生态型特色产业来严格土地用途管制，严禁生态用地改变用途，鼓励生态移民。对生态遭受严重破坏的重要区域实行抢救性保护，严禁从事不符合其发展方向的各类开发活动。

（二）强化面向优化开发区域的引导与约束

优化开发区域的经济比较发达、人口比较密集、开发强度较高、资源环境问题更加突出，是优化进行工业化、城镇化的地区。我国发布的《关于贯彻实施国家主体功能区环境政策的若干意见》明确指出，要按照严控污染、优化发展的原则，引导城市集约紧凑、绿色低碳发展，"减少工矿建设空间和农村生活空间，扩大服务业、交通、城市居住、公共设施空间，扩大绿色生态空间"。[①] 这要求各地区按照城市分布格局，特别是城市发展的资源环境承载力状况与工业化、城市化强度，因地制宜编制完善城市总体规划，在合理区分城市功能的基础上，严格控制城市蔓延扩张，通过跨区域协商协作，构建起连绵有序的区域衔接绿地、绿道网、绿化隔离带和城际生态廊道，并切实落实好环境分区管治的政策安排。

具体而言，对京津冀、长三角、珠三角这类典型性人口密集、资

---

① 环境保护部、国家发展和改革委员会：《关于贯彻实施国家主体功能区环境政策的若干意见》，环发〔2015〕92号。

源紧缺而经济发展快速的区域，要动态监测评估其区域经济发展进程所面临的资源环境挑战，引导完善跨区域生态文明发展的规划，进一步明确规划中资源环境复合治理的内容、管制目标及实施手段，严格限制占地多、消耗高、排放多的产业的发展，实行最严格的耕地保护制度和节约集约用地制度，鼓励土地利用政策创新，提高土地节约集约利用水平；对中西部城市聚集区域，如武汉城市群、中原城市群、长株潭城市群等，要实行严格的建设用地增量控制，以优化和改善空间结构，创造良好的人居环境，防止过度集聚，避免出现"摊大饼"，促进区域可持续发展。同时，支持其自主创新，提高产业竞争力。

（三）提高重点开发区的产业扩散能力

重点开发区域的经济基础较好、资源环境承载能力较强、发展潜力较大、集聚人口和经济的条件较好，因而应该是重点进行开发的城市化地区。对这类区域，要推动建立基于环境承载能力的城市环境功能分区管理制度，按照强化管治、集约发展的原则，加强环境管理与管治，大幅降低污染物排放强度，改善环境质量。

在此基础上，遵循构建现代化经济体系、实现经济高质量发展的要求，坚持以供给侧改革为主线，在推进产业结构调整优化升级的过程中实现区域发展的质量变革、效率变革和动力变革，在区域经济分工协作中增强区域发展的创新力和竞争力。在对中西部及东北的中心城市及交通干道沿线地区、中西部具备大规模开发条件的资源富集地区、东部沿海发展潜力较大的地区等实施重点开发的过程中，要有效把握产业升级换代的历史机遇，在加强基础设施建设、增强产业创新能力的基础上，培育壮大节能环保产业、清洁生产产业、清洁能源产业，推进资源全面节约和循环利用，实现生产系统和生活系统循环链接，①加快推进实体经济、现代金融、人力资源协同发展的产业体系和产业布局。

此外，要在保证基本农田不减少的前提下，适当扩大重点开发区域建设用地供给。合理确定各类用地规模，优化用地结构，以满足大力推进工业化和城镇化进程的需要。相应地，对重点开发区要采取政策绩效评价体系。如果优化开发区域的政策绩效评价要强化经济结构、资源消耗、自主创新等指标的话，那么重点开发区域的评价则是要对经济增长的质量、效益、生态创新及节能环保等相关领域的所有成效实行综合评价，以此促进重点开发区域进一步结合区域发展实际，以资源配置、环境约束、供应链创新及产业组织形态创新增强产业扩散能力，在区域生态文明发展能力得到提升的前提下为生态文明区域协同发展奠定基础。

二、优化空间结构，缩小区域发展差距

生态文明区域协同发展植根于区域经济社会的均衡发展，这需要超越历史与现实、内部与外部等因素的束缚，以更加开放、包容的理念优化我国现有区域经济版图的结构，通过有效的市场机制和政策安排缩小区域发展差距，并在此基础上遵循发展过程所具有的自然规律和社会规律，严守生态保护红线、环境质量底线、资源利用上限和制定环境准入负面清单，在塑造低碳、高效、绿色、循环的发展方式中实现区域健康、协调、可持续发展。

---

① 习近平：《在全国生态环境保护大会上的讲话》，2018 年 5 月 19 日，见 http：//www.gov.cn/xinwen/2018-05/19/content_5292116.htm。

（一）改善中西部发展环境补齐生态文明发展短板

无论是经济发展总量，还是经济增长的速度，无论是生态文明发展水平，还是生态文明建设进程，我国辽阔的国土空间内，中西部地区都存在明显的区域差异。要在协同发展的视角下驱动全国生态文明整体水平的提高，就必须瞄准中西部区域这块短板，有针对性地改进其滞后发展的领域与环节。一方面，要高度重视资本、技术等关键生产要素在中西部生态文明建设中的支撑作用，这些生产要素在增强区域内生创新能力、创造发展活力中依然具有至关重要的意义。因此，中央政府要从战略全局的高度，在鼓励这些地区通过体制机制创新挖掘发展潜能的同时，更要在财政预算、投资项目上向中西部倾斜，特别是增加对全国和中西部发展起全局性、关键性作用的基础设施建设、交通信息网络和基础工业发展的投入和支持，改善这些地区生产要素的组合模式与发展环境，补齐这些地区的发展短板。

在中央财政倾斜的同时，还要出台灵活有效的政策，面向全社会公开发行债券、引进 BOT、PPP 等投资方式，采用多种渠道多种形式来募集资金，增强中西部地区发展后劲，支援其实现转型发展。另一方面，中西部地区也要紧密围绕区域协调发展的主线，以中西部省会城市、重要交通与资源流通节点城市为核心，在"一带一路"倡议下，大力打造一批具有较强经济地理关联、资源环境优势突出、具有较强发展潜力的中小城市，发展旅游观光等特色产业，强化其生态环境的保育功能和现代城市功能，使之成为主动对接经济全球化和区域经济一体化的战略支点，成为具有较强带动作用的增长极，由此带动中西部腹地发展，推动形成"极带连绵""轴带互通"的空间格局，使之由生态文明区域发展的"洼地"变为"高地"。

（二）调整人口空间结构缩小区域人均收入差距

生态文明区域协同发展的初衷，就是要满足不同地区人民群众对美好生活的向往，为社会成员提供清洁的水源、干净的空气、优美的自然环境等更加优越的生产生活条件，为人们实现自由全面的发展提供更加丰富的物质生活、精神生活条件，最终使生产生活由"必然"走向"自由"。在社会主义初级阶段，要实现这样的初衷，主要受到了人口空间结构和收入因素的制约，这也同样使生态文明在区域之间不能得到协调协同。当然，要实现生态文明区域协同发展，必须关注和解决人口空间结构和区域人均收入差距问题。要缩小区域收入差距，除了要增强地区经济发展的动力，保障增长的可持续性、采取合理的税收政策控制之外，最为重要的是要有序引导欠发达地区人口向发达地区转移，以提高欠发达地区的人均收入水平。

这需要立足我国现有的自然地理条件，特别是禁止开发和限制开发区域以及高山、高寒、缺水等极端环境地区贫困人口的生产生活状况，科学引导和有序安排这些地区的人口转移，创新"精准扶贫"方式，解决极端贫困地区的生存、发展问题。其中，最为直接的方式就是政府政策采取"移民就业"途径，促进当地居民向外转移。对于禁止开发区如青藏高原生态屏障、黄土高原——川滇生态屏障、东北森林带、北方防沙带和南方丘陵山地带等"两屏三带"区域，需要政府采取直接安置配合适度补偿的方式，实现区内人的跨区域安置转移，以减少区域内人口，提高当地居民的人均收入，改善脆弱的生态环境，缓解当地的人地关系矛盾。与此同时，还要创新工作方式，采取对口帮扶、援助扶持的政策激励，创造条件引导上述区域剩余劳动力到生产条件适宜、经济相对发达的地区就业，为承接人口转移地区注入有效的人力资本和人才资源，最终形成具有较强地理关联又有各自比较优势的区域协同发展体系，在改善全局性生态环境问题的过程中缩小区域人均收入差距。

（三）谋求基本公共服务均等化促进区域发展公平

生态文明区域协同发展除了要调整区域之间人与自然的关系之外，也要调整好区域之间人与人、人与社会的关系。这些关系在社会发展范畴内，突出表现为人们要拥有公平享受社会资源，特别是基本公共服务资源的权利。只有达到了这样的目的，人们才会真正将自己当成是这个有机统一的自然世界、人类社会的一分子，才有更多的主动性和创造性去协调自身与自然、自身与社会的关系，为促进生态文明建设区域协同发展注入力量。由于收入增长存在制度和市场的刚性，在当前我国的经济社会发展阶段，还无法在短期内快速解决这一问题。因此，要夯实生态文明区域协同发展的社会基础，必须致力于改善区域之间基本公共服务的资源配置，坚持开放、共享的理念，创造有效的资源供给和制度安排，实现各区域人民享受政府基本公共服务的大体均等，以缩小社会发展差距、改善社会公平。

一方面，要以最新修订的《中华人民共和国宪法》对公民基本权利和各级政府职责的法律界定为依据，将生态环境保护、生态产品与生态服务公共卫生和基础医疗、就业与社会保障公益性文化等基本公共服务纳入全国基本公共服务范围，完善符合我国国情和区域发展实际的分类实施执行范围和标准；另一方面，要充分发挥社会主义制度凝聚人民智慧和力量、集中力量办大事的优越性，[①] 在事关生态文明的

---

① 秦宣：《中国特色社会主义制度是具有明显制度优势的先进制度》，《求是》2016 年第 10 期。

社会基本公共服务领域创新性完善对口支援体系。"这需要在对纵向
转移支付制度结构做内部调整和改革的同时，深化多年来我国所坚持
实施的对口支援体系的法律和制度保障"，[①] 扩展社会基本公共服务的
均等化渠道，将援助内容涵盖到生态文明建设领域的各方面各环节，
争取区域之间、援助主体与受援地区部门内部、行业内部的财力、物
力、人力、技术、管理等资源的广泛支援。此外，各地区要因地制宜
拓展对口支援的资源保障，特别是要建立运行规范的区域援助基金，
确保实现区域基本公共服务均等化的转移支付财力。同时，"严格清
理归并专项转移支付，突出其矫正辖区间外溢性的职能，明确其对辖
区间外溢性基本公共服务项目"，[②] 如天然林保护工程、退耕还林还草
工程、贫困地区义务教育等方面的支持。

三、消除制度障碍，完善区域合作机制

（一）消除商品和生产要素流通的自然壁垒

在生态文明区域协同发展过程中，交通、通讯等基础设施的建
立健全对区域间生态产品、资源生产要素等的自由流通和优化配置发
挥着关键性的基础作用。在生态文明区域协同发展过程中必须使交
通、通讯等基础设施投资与其他生产性投资保持相应增长比例（刘勇，
2010），并最终形成密度适当的网络型交通、通信等基础设施体系，
从而在消除商品和生产要素市场一体化、市场规模效益扩大化、产业
集聚或扩散化等自然地理障碍的基础上，创造出完善而通达的跨区流

---

① 汤学兵、张启春：《中国政府间转移支付制度的完善——基于区域基本公共服务均等化目标》，《江海学刊》2011 年第 2 期。

② 陈秀山：《区域协调发展目标·路径·评价》，商务印书馆 2013 年版，第 287 页。

动硬条件。

在这一过程中，尤其要重点加强对中、西部地区基础设施建设的投资。以优先深入实施西部大开发战略为导向，加强西部地区的基础设施建设，扩大西部地区不同发展区域带之间以及这些区域带与外界资源、商品、产业的输入和输出，提升地区生态产品、生态服务领域的比较优势。中部地区要发挥好承东启西的自然地理优势，大力改善运输、通讯、物流等条件，降低西部地区与沿海发达地区商品与要素流动的社会成本，以更高的效率缩短东西部地区之间的物理空间距离，提高西部地区与中、东地区的市场接近性。要持续完善中部崛起的财政、金融政策体系，加大对其重点开发区域的基础设施投资力度，构建起东西贯通、南北通达的基础设施与道路交通网络，在改善投资环境、强化其交通运输战略功能的基础上，增进东、中、西部三大区域的贸易往来和要素流动，为实现区域生态均衡发展提供硬件支撑。

（二）促进生产要素跨区域合理流动，完善区域合作

区域合作是推动生态文明区域协同发展的关键途径。我国各地区要充分利用新一轮产业革命和科技革命的重要战略机遇，在调整发展战略、转变生产方式的实践中，优化资源性生产要素、绿色发展的资本、技术与劳动力要素在跨区域流动中的分工合作机制。一方面，要充分发挥市场机制在资源配置中的决定性作用，引导资源、资本、劳动力和技术等要素合理地向区位条件好、价值创造能力强的目标功能区流动，并防止由狭隘的地方本位主义所滋生的错误市场信号和误导性资源要素流向信息；另一方面，要在遵循产业转移规律的基础上坚持以市场化途径推动产业的生态化转移。引导东部地区向中西部地区转移新一代移动通信装备、智能制造、清洁能源等技术密集型产业；

中西部地区要在确保本地区生态质量、环境标准、生态安全标准等前提下，因地制宜地发挥科教优势，大力发展研究设计、大数据等高端生产性服务业，在推进承接产业转移的基础上发展优势特色产业。

生态文明区域协同发展，在区域合作领域中的重心在于加强区域产业的发展合作。以合作共建生态开发区或生态工业园区的方式，积极引进大型生态企业对西部地区的自然资源进行整体开发，形成形式多样的生态工业园区和方式多种的利益分享机制。中央政府应在战略和政策上给予区域生态合作更多的指导，制定出兼具全国适应性和特定区域（跨行政区）适应性的发展规划，从而在缓解区域产业结构冲突、优化区域产业分工与布局、强化区域产业联系的态势下，逐步形成区域资源、经济的互补优势。

（三）完善维护市场公平竞争的法律体系

实现生态文明区域协同发展一体化的目标，最根本的是在制度层面上构建出能有效维护生态文明区域协同发展的法律体系，在加大惩戒地方保护主义行为的同时削弱或消灭地方保护主义。

一是要完善维护区域生态协同有序发展及有效发展的法律体系。制定和完善相关法律，建立相应的执法机构，杜绝地方政府对生态文明区域协同发展体系运行的不合理干预。切实贯彻实施中共中央、国务院《关于全面加强生态环境保护坚决打好污染防治攻坚战的意见》《反不正当竞争法》《国务院关于禁止在市场经济活动中实行地区封锁的规定》《国家发展改革委关于进一步加强区域合作工作的指导意见》等规范地方政府行为的重要法律，防止地方政府滥用行政权力排除、限制生态文明区域协同发展的合理竞争；建立公开透明的市场准入制度，实现技术标准、认证标准等的全国统一，制止利用技术壁垒保护本地市场的行为；建立解决跨地区环境问题纠纷的司法制度，并保证环境司法的公正性和公平性；加强区域政府对所采购生态环境信息数据的披露，实现环境数据采购透明化、数据利用共享化。

二是要进一步完善中央和地方关系框架，理顺各级政府在生态协同发展上的合作与竞争关系。明确地方政府的权责范围、履行责任所需财力来源，实现权责与财力的大体相适应。加大对"老、少、边、穷"地区地方政府的扶持力度，通过增加地方政府财力以从根源上减弱地方政府实施市场分割、地方保护的动机。

（四）加快培育支撑绿色发展区域协同的技术支撑体系

生态文明区域协同发展的动机之一，就是要促进生态文明发展水平相对较低的地区通过不断的技术创新、管理创新提高自身的"造血能力"，争取达到生态文明发达区域的成效和水平。显然，在这一过程中，科技发展对自然资源开发利用、生态环境保护及实现绿色、低碳、循环发展相关的技术要素而言成为了重要保障条件。必须清醒地认识到：一方面，从全局性来看，不同区域依赖技术进步所展开的经济活动可以提高绿色发展和生态文明建设的效能，并直接形成生产空间集约高效、生活空间宜居适度、生态空间山清水秀的图景；另一方面，一些生态文明水平相对较低的区域，可以通过产业结构调整和生产方式的转型，如迅速发展生态旅游、电子商务、生物医药等新兴产业，快速形成生态文明建设的经济基础，降低赶超过程所需的时间与中间环节的成本，进而实现人与自然关系的改善。

因此，要有效提高我国生态文明区域协同发展的水平，需要从社会生产与商品消费等不同环节提高绿色技术支持，构建有效的生态创新科技保障体系。主要包括：一是完善自然资源开发科技创新体系。

这要求继续加强扶持和引导资源型生产企业研究开发、引进和应用先进的采选、生产技术的战略前沿技术攻关。二是提高矿产、能源、水等自然资源的开采回收利用效率和综合利用，提高自然资源绿色全要素生产率，推动自然资源产业走向节约、清洁、安全的内涵式发展道路。三是完善自然资源勘查开发的相关政策，鼓励社会资本积极参与提高资源使用效率，改进生态恢复治理创新技术。

在加快实现高质量发展的背景下，必须立足于生态文明区域协同发展的目标设计，制订严格的区域资源开发和生态环境保护标准，提高生产过程中单位资源和物耗、能耗的产品产出，并在产品开发、加工转换、储运和终端利用全过程中实现节能降耗，提高利用效率。而在社会产品的消费环节，区域之间要构建稳定、持续的对话机制和工作交流机制，加强信息互通和技术合作，按照绿色消费的规律要求，改变重点工业领域"三高一低"的局面，限制高耗能、高污染产品的市场进入。在这一过程中，区域之间要依靠科技进步和政策引导，大力推动产业结构优化升级，促进经济增长方式的改变；同时，还要集中力量，在有条件、有资源的区域之间，实施重大前沿技术协同攻关，为解决资源利用、环境治理、生态环境保护修复等问题提供超越区域界限的技术支持。在发展条件不足的地区，特别是中西部地区，要坚持开放性、国际化的发展思路，主动融入"一带一路"倡议，在坚持独立自主原则的基础上，广泛开展生态文明国际交流与合作，充分利用国际科技资源，博采众长，互利共赢，通过原始创新、集成创新和引进消化吸收再创新，取得具有自主知识产权的生态文明区域协同创新科技成果。

第六章　研究总结与研究展望

　　本书在系统挖掘当前我国区域生态文明建设面临的问题与困境的基础上，立足于马克思主义理论的基本立场和基本观点，运用协同学、资源环境经济学、新经济地理学和空间经济学等学科的研究手段和研究方法，从我国区域生态文明建设的视角，提出了生态文明区域协同发展的命题，系统回答了我国生态文明区域协同发展"是什么""为什么""怎么样"等三个关键问题，基于理论阐释和实证研究的结论，提出了促进我国生态文明区域协同发展"该怎么办"的政策取向、总体思路和具体政策思考。随着中国特色社会主义伟大事业的不断向前推进，我国生态文明区域协同发展的研究也将进入到更加系统的思想深化和内容创新之中。

第一节　研究总结

　　在研究过程中，本书遵循"现实问题揭示—科学内涵解析—系统评价分析—理论模型设计—典型实证研究—提出对策思考"的研究路径，得出了关于我国生态文明区域协同发展问题的基本判断和系列结论。

第一，生态文明区域协同发展是指在特定的空间范围之内，在具有一定空间结构和功能特性的区域系统之中，不同区域在自然资源节约集约利用、生态环境保护、国土空间优化、制度建设等环节之中，能充分发挥各自的区域比较优势，不断进行物质、能量与信息的交换，以缓解冲突，打破制约，达到互惠互利、相互依存、协同发展的模式和态势。这种模式致力于推动不同区域之间资源、环境、空间、经济和社会系统的良性循环并向更高层次发展，其最终结构就是以自然资源协调、权利协调、制度协调为导向，在不同区域之间形成自然资源商品、生态和公共产品三属性的有机统一，以及基于自然资源三属性形成的经济、社会和政治权力的动态平衡与有机统一，坚持以"人民为中心"，促进权力边界明晰的经济制度、政治制度、社会制度的重构，并能在全社会达到实现生产效率最大化和自然环境伤害最低化的协同发展，重塑人与社会、国家与国家以及文明与文明之间的共存秩序，不断满足人类全面发展的需要。

第二，市场驱动资源、能源、矿产、劳动力、技术和资金等生产要素在我国范围内流动，资源配置的结果打破了改革开放以前生产要素相对均衡的分布状态。从全国范围来看，生产要素从中、西部向东部流动，并形成要素集聚区域；从区域范围来看，生产要素流向区域内部创新较为活跃的城市群或城市群带；从省域层面来看，生产要素集聚在各省的省会城市或省会的副中心城市。我国生态文明建设刚刚起步，从追求以 GDP 为中心的发展方式转轨到以追求"以人民为中心"的发展方式的过程中，各区域之间的经济社会发展不同步、不平衡、不充分是我国生态文明建设面对的客观现实。生态文明建设需要充分考虑全国、区域和省域层面的发展阶段、经济、社会和政策基础，谨慎权衡经济、社会和政策目标之间的冲突和矛盾，从而选择可行路径，这样采用循序渐进的方式推动生态文明建设。说到底，对我国生态文明建设的区域和省域层面的问题进行诊断和成因识别是启动生态文明建设的前提，生态文明区域协同发展是整体推进生态文明建设的主要路径。

第三，我国生态文明水平空间分异特征明显，呈现"东南高，西北低"的态势，分化出了"六极三带"的空间格局，即：我国生态文明水平既呈现点状的不平衡，也呈现东、中、西部的带状不平衡；生态文明水平较高的极化地区开始出现向周边的梯度辐射效应。我国生态文明区域势能有显著的全局相关性，生态文明水平处于非平衡状态向平衡状态渐变演进过程中，其动力来源于生态文明势能区域集聚形成的板块张力之间的摩擦，更来自于不同地区生态文明势能状态的跃迁产生的震荡冲击力，从而形成了生态文明水平区域和整体发展的原动力。我国生态文明势能网络呈现东部网络逐渐完善并向西部发展扩张的状态，演进出较为显著的"中心—边缘"结构特征，呈现多极化的发展趋势，网络整体对生态文明势能的传输效率提升。市场开放程度、空间组织秩序、区域合作力度促进了生态文明区域协调发展，而诸侯经济下的收益分配格局和政府管理强度形成了要素流动壁垒，阻碍生态文明区域协同发展。

第四，生态文明区域协同发展立足于区域之间的资源交换与调配使用，达到相互作用、相互依存、互惠共利、结构合理的状态，从而形成区域内外的良性循环，这是实现我国生态文明区域协调发展的目标。围绕这一目标，需要从系统共生的市场运行、空间组织、合作互助、援助扶持与复合治理等角度，寻求推动生态文明区域协同发展所必需的动力产生机理以及维持改善该机理的运行条件。对于市场机制的运行，要突出市场开放、市场体系、企业发展和产业转移对生态文明区域协调发展的重要意义；对于空间组织机制，则需要强化由经济区划所确定的区域经济功能，按照主体功能区划来提升区域间资源、环境、经济和社会效益；对于合作互助机制，就是要明晰资源区域合作的总体目标，完善资源区域合作的宏观环境，健全区域资源合作统筹管理部门，健全区域资源合作互助的信息平台；对于援助扶持机制，则需要以资源发展为主线，使扶持区域与经济发展质量好、资源效率高的区域形成持续稳定的经济技术联系，充分发挥各自的比较优势，支持帮扶区域摆脱"资源诅咒"的困境；对于复合治理机制，则需要根据国家资源管理和区域协调发展的要求，建立有具体职能和工作章程的组织保障机构，逐步完善生态文明区域协同发展的政策与制度体系。

第五，生态文明区域协同发展政策就是国家为了促进地区之间生态文明同向同行互惠共荣而采取的各项政策措施的总和。这需要在实践经验的基础上，构建出促进生态文明区域协同发展的一揽子政策体系，为各地政府促进生态文明区域协同发展提供可供选择的政策目标、工具类型与作用对象的组合。在政策取向上，要坚持激励与约束相容、区际与区内互通、区域与产业联动相统一；在政策设计的总体思路上，则是要立足时代背景明确指导原则、坚持总体目标把握政策重点、优化政策组合完善框架体系；在具体政策措施上，则需要立足功能定位发挥区域比较优势、优化空间结构缩小区域发展差距、消除制度障碍完善区域合作机制。

第二节　研究展望

作为一种新的促进形式，生态文明区域协同发展对我国区域经济社会发展与生态文明建设将产生深远的影响。当前，尽管我国生态文明建设已经取得了明显成效，但是，依然面临诸多困难和挑战。主要表现在，一些地区和部门对生态环境保护认识不到位，责任落实不到位；经济社会发展同生态环境保护的矛盾仍然突出，资源环境承载能力已经达到或接近上限；城乡区域统筹不够，新老环境问题交织，区域性、布局性、结构性环境风险凸显。[①] 若不妥善处理这些问题，势必蔓延成为民生之患、民心之痛，影响我国区域经济社会发展和生态文明建设的大局。因此，必须以高度的责任感、使命感加强和推进我国生态文明建设，在破解突出资源环境问题、防范化解重大生态风险等方面，为夺取中国特色社会主义伟大胜利提供有益的智慧和方案。

如前文所述，本书以习近平新时代中国特色社会主义思想和辩证唯物主义为指导，以提高生态文明发展水平为导向，以区域协同发展的内在现实性为基点，重点挖掘生态文明与区域发展支持条件之间协同作用的综合体系、机制及其基本规律，通过选取重点经济区域作为观测考察对象，从实证与规范分析角度探究促进我国生态文明区域协同发展的政策，以此寻求加速推进生态文明建设的对策，获得了一些有益的结论和启示。然而，受到研究视野和知识能力的制约，还有一些事关生态文明区域协同发展的重要内容未做深入研究，需要进一步拓展和深化，具体表现在如下方面：

---

① 中共中央、国务院：《关于全面加强生态环境保护坚决打好污染防治攻坚战的意见》，2018 年 6 月。

第一，城市是生产要素最为密集、承载人类文明成果最为丰厚的地区，也是我国经济社会发展最为快速的地区，更是资源消耗、环境污染和生态破坏相对严重的地区。然而，受到经济增长方式的影响和制约，改革开放以来我国跳跃式的城市发展在给经济社会和人民生活创造财富和机遇的同时，也不可避免地浮现出其发展模式的局限和隐患，尤其是近年来全国各地持续的雾霾天气使得城市生态问题①直接影响了人们的生产生活。因此，要建设生态文明，离不开对城市发展方式、拓展路径及资源环境影响的关注，离不开对快速城市化过程中人与自然、人与社会关系的反思与重构。随着区域一体化进程的快速推进，在我国广袤的国土空间内已经涌现出诸多具有紧密经济、地理、资源、环境和社会关联的城市群、都市圈，它们以"二横三纵"的分布格局有机地嵌入在我国宏大的区域经济版图之中，在生态文明建设中产生着至关重要的意义和作用。因此，要实现生态文明区域协同发展，必须高度重视城市群内部的城市与城市之间、城市群与城市群之间，在国土空间规划、自然资源开发、生态环境保护、生产要素和产品的流动过程中形成的相互影响、相互作用的特征和规律，探寻优化和提升这些领域相互协作共生共荣的机制与路径。但是，受到研究视野和分析对象的界定，本书将生态文明区域协同发展仅仅设定在省域层面行政区划范畴之内，对城市群生态文明协同发展的诸多理论和实践问题还尚未涉及，这为后续研究提供了可能的研究空间。

第二，城市在现代社会发展中固然重要，但是，从我国区域发展的总架构来看，农村作为我国主要产品和要素供给特别是粮食、工业

---

① 王杰：《中国城市生态文明建设的问题及出路》，《郑州大学学报（哲学社会科学版）》2015年第2期。

原材料和生态产品、生态服务供给的重要支撑，其在生态文明建设和区域发展中的地位和作用也至关重要。因此，近年来，我国政府高度重视城乡统筹、互动发展、城乡双赢的一系列制度安排。党的十九大报告提出的实施乡村振兴战略，健全城乡融合发展的体制机制和政策体系，就是更加有效地推动城乡协调发展的行动指南。但是，从现阶段我国经济社会发展和生态文明建设的实际情况来看，我国城乡协调发展取得了明显进展，也产生了一大批具有典型意义和借鉴价值的城乡协调发展的样板和案例。然而，受到人口流动、产业结构、地理区位和主题功能等系列因素的制约，我国城乡发展的差距依然很大，在生态文明建设领域也体现了目标任务、发展路径、政策体系等诸多环节的差异。要从整体上推进我国生态文明建设水平，就需要统筹考虑城乡生态文明区域协同发展的路径与体制机制问题。在协同发展理念指引下，推进城市和农村之间充分打破发展边界的限制，形成城乡之间在资源环境、经济社会发展领域的优势互补互助合作，这对缓解我国长期以来农村、农业和农民的瓶颈制约将产生重要意义。这是生态文明区域协同发展研究需要进一步加强的重要内容。

　　第三，自党的十七大首次提出生态文明建设的概念和任务以来，我国各地区充分利用各自所具有的自然、地理、经济、社会条件，展开生态文明建设，并形成了许多具有不同特色的发展模式和实践经验。尤为可贵的是，很多具有区域经济地理关联的地方政府之间、城市之间，基于已有的资源环境禀赋、区位优势和产业布局，在生态文明区域协同发展领域展开了较多的实践，如京津冀、长三角、泛珠三角、武汉城市圈、长株潭城市群等地区，在生态文明建设领域展开的合作已经取得了较大进展和成效。进一步推进我国生态文明区域协同发展，对这些生动实践成果展开案例和经验研究，发掘其协同发展过程内所蕴含的自然、经济和社会规律，创新现有实践模式中可能进一步拓展的机理机制，对促进我国其他地区发展必然产生重要的引导与借鉴意义。因此，在未来我国生态文明区域协同发展的研究领域，这些典型案例与实践经验的总结将是重要方向之一。

第四，生态文明区域协同发展是复合系统的运行结果。这个复合系统，既包括资源、环境、生态、技术等要素领域，也包括经济、社会、政治等权力运用领域，既意指社会生产力的发展，又包含生产关系的调整。然而，从人类历史和社会进步的层面看，生态文明作为一种文明形态，显然不仅仅只包括上述这些范畴和领域。道格拉斯·诺斯指出，"历史总在发生作用"，人类文明的历史的发展总是存在路径依赖。作为支撑现代文明发展的必要条件，一个国家和地区的历史和文化演变与跃迁的路径，在文明形态更替中总是占据着重要的地位。因此，考察生态文明区域协同发展的规律、机理、机制和政策，理所当然还需要将区域之间的历史渊源、文化差异等变量纳入研究的视域之中，并在具体的经验分析和实证研究中加以彰显或体现，这样所构建的生态文明区域协同发展体系架构才能更加真实地切近我国悠久的历史文化传统和蓬勃发展的经济社会现实。

参考文献

安翠娟、侯华丽、周璞、刘天科：《生态文明视角下资源环境承载力评价研究——以广西北部湾经济区为例》，《生态经济》2015 年第 11 期。

白俊红、蒋伏心：《协同创新、空间关联与区域创新绩效》，《经济研究》2015 年第 7 期。

白永亮、党彦龙、杨树旺：《长江中游城市群生态文明建设合作研究——基于鄂湘赣皖四省经济增长与环境污染差异的比较分析》，《甘肃社会科学》2014 年第 1 期。

毕克新、杨朝均、黄平：《中国绿色工艺创新绩效的地区差异及影响因素研究》，《中国工业经济》2013 年第 10 期。

蔡继明：《优化国土空间开发格局与大中小城市协调发展》，《区域经济评论》2015 年第 5 期。

陈佳、吴明红、严耕：《中国生态文明建设发展评价研究》，《中国行政管理》2016 年第 11 期。

陈军、成金华：《意识形态与中国自然资源的产权安排》，《华东理工大学学报》（社科版）2005 年第 2 期。

陈军、成金华：《中国生态文明研究：回顾与展望》，《理论月刊》

2012 年第 10 期。

陈军、成金华：《宜居是城市生态文明建设的根本目标》，《光明日报》2013 年 10 月 12 日。

陈军、成金华：《中国矿产资源开发利用的环境影响》，《中国人口·资源与环境》2015 年第 3 期。

陈军、成金华：《完善我国自然资源管理制度的系统架构》，《中国国土资源经济》2016 年第 1 期。

陈理：《新时代统筹推进"五位一体"总体布局的几个特点》，《党的文献》2018 年第 2 期。

陈璐：《京津冀协同发展报告》，社会科学文献出版社 2017 年版。

陈秀山：《区域协调发展目标·路径·评价》，商务印书馆 2013 年版。

陈学明：《生态文明论》，重庆出版社 2008 年版。

陈学明：《资本逻辑与生态危机》，《中国社会科学》2012 年第 11 期。

成金华、陈军、李悦：《中国生态文明发展水平测度与分析》，《数量经济技术经济研究》2013 年第 7 期。

成金华、陈军、易杏花：《矿区生态文明评价指标体系研究》，《中国人口·资源与环境》2013 年第 2 期。

成金华、冯银：《我国环境问题区域差异的生态文明评价指标体系设计》，《新疆师范大学学报》（哲学社会科学版）2014 年第 1 期。

成金华、李悦、陈军：《中国生态文明发展水平的空间差异与趋同性》，《中国人口·资源与环境》2015 年第 5 期。

成金华：《科学构建生态文明评价指标体系》，《光明日报》2013

年2月6日。

成金华等：《我国工业化与生态文明建设研究》，人民出版社2017年版。

程松涛：《民族地区生态保护与经济增长的协同发展路径研究》，《技术经济与管理研究》2017年第9期。

程钰、任建兰、徐成龙：《生态文明视角下山东省人地关系演变趋势及其影响因素》，《中国人口·资源与环境》2015年第11期。

崔春生：《基于Vague集的中部五省生态文明建设评价》，《管理评论》2017年第8期。

崔松虎、杨明娜：《SCP模式下提升京津冀环境污染治理效应研究》，《生态经济》2015年第12期。

戴彦德、冯超：《建设生态文明必须重塑能源生产和消费体系》，《中国能源》2015年第11期。

恩格斯：《自然辩证法》，人民出版社2018年版。

樊杰：《主体功能区战略与优化国土空间开发格局》，《中国科学院院刊》2013年第2期。

方创琳：《京津冀城市群协同发展的理论基础与规律性分析》，《地理科学进展》2017年第1期。

方大春：《经济增长要素的空间效应及分解——基于空间杜宾模型的实证研究》，《湖南财政经济学院学报》2015年第3期。

方世南：《从生态小康社会到生态文明社会的价值和路径选择》，《学习论坛》2017年第12期。

傅帅雄、罗来军：《技术差距促进国际贸易吗？——基于引力模型的实证研究》，《管理世界》2017年第2期。

高吉喜、陈圣宾：《依据生态承载力优化国土空间开发格局》，《环境保护》2014 年第 24 期。

广佳：《基于生态文明理念的区域经济可持续发展研究——以四川省为例》，《西南民族大学学报》（人文社会科学版）2014 年第 4 期。

郭岚：《中国区域差异与区域经济协调发展研究》，四川出版集团 2008 年版。

郭永辉：《自组织生态产业链社会网络分析及治理策略——基于利益相关者的视角》，《中国人口·资源与环境》2014 年第 11 期。

郭治安、沈小峰：《协同论》，山西经济出版社 1991 年版。

国务院办公厅：《关于健全生态保护补偿机制的意见》，国办发〔2016〕31 号。

韩永辉、黄亮雄、王贤彬：《产业结构升级改善生态文明了吗——本地效应与区际影响》，《财贸经济》2015 年第 12 期。

郝栋：《基于自然资本的技术范式生态化演进研究》，《自然辩证法研究》2017 年第 11 期。

何剑、王欣爱：《区域协同视角下长江经济带产业绿色发展研究》，《科技进步与对策》2017 年第 11 期。

侯永志、张永生、刘培林：《区域协同发展：机制与政策》，中国发展出版社 2016 年版。

胡安俊、孙久文：《产业布局的研究范式》，《经济学家》2018 年第 2 期。

胡鞍钢：《地区与发展：西部开发新战略》，中国计划出版社 2001 年版。

胡洪斌：《中国产业进入规制的经济学分析》，博士学位论文，云南大学，2011年。

胡锦涛：《坚定不移沿着中国特色社会主义道路前进为全面建成小康社会而奋斗——在中国共产党第十八次全国代表大会上的报告》，人民出版社2012年版。

胡其图：《生态文明建设中的政府治理问题研究》，《西南民族大学学报》（人文社会科学版）2015年第3期。

胡书芳、苏平贵：《生态文明导向下区域绿色发展研究——以浙江省为例》，《科技管理研究》2017年第21期。

胡旭珺等：《国际生态补偿实践经验及对我国的启示》，《环境保护》2018年第3期。

环境保护部、国家发展和改革委员会：《关于贯彻实施国家主体功能区环境政策的若干意见》，环发〔2015〕92号。

黄承梁：《新时代生态文明建设的有力思想武器》，《人民日报》（理论版）2017年4月24日。

黄勤、杨小荔：《我国省区生态文明建设战略比较研究——基于各地"十二五"规划的分析》，《江西社会科学》2012年第1期。

黄渊基：《生态文明背景下洞庭湖区生态经济发展战略研究》，《经济地理》2016年第10期。

贾品荣：《区域低碳协同发展评价：京津冀、长三角和珠三角城市群的比较分析》，《经济数学》2017年第4期。

焦鹏飞、张凤荣、李灿等：《基于引力模型的县域中心村空间布局分析——以山西省长治县为例》，《资源科学》2014年第1期。

金相郁：《中国区域经济不平衡与协调发展》，上海人民出版社、格致出版社2007年版。

靳利华：《生态文明视域下的制度路径研究》，社会科学文献出版社 2014 年版。

景平：《写好京津冀协同发展这篇大文章》，《求是》2017 年第8 期。

柯善咨、赵曜：《产业结构、城市规模与中国城市生产率》，《经济研究》2014 年第 4 期。

冷溶：《正确把握我国社会主要矛盾的变化》，《党的十九大报告辅导读本》，人民出版社 2017 年版。

冷志明：《湘鄂渝黔边区域经济协同发展研究》，《中央民族大学学报》2005 年第 5 期。

黎鹏：《区域经济协同发展及其理论依据与实施途径》，《地理与地理信息科学》2005 年第 4 期。

李军：《走向生态文明新时代的科学指南——学习习近平同志生态文明建设重要论述》，中国人民大学出版社 2015 年版。

李力：《不同工业化阶段区域产业生态文明路径选择》，《生态经济》2014 年第 4 期。

李琳：《区域经济协同发展：动态评估、驱动机制及模式选择》，社会科学文献出版社 2016 年版。

李明蔚、张俊娥、王永刚、王旭、王媛媛：《白酒企业生态文明评价指标体系构建》，《中国人口·资源与环境》2016 年第 S1 期。

李强、王士君、梅林：《长春市中心城区大型超市空间演变过程及机理研究》，《地理科学》2013 年第 5 期。

李延军、史笑迎、李海月：《京津冀区域金融集聚对经济增长的空间溢出效应研究》，《经济与管理》2018 年第 1 期。

李悦：《基于我国资源环境问题区域差异的生态文明评价指标体系研究》，博士学位论文，中国地质大学（武汉），2015 年。

廖小琴：《新时代我国社会主要矛盾的逻辑生成与实践指向》，《马克思主义与现实》2018 年第 2 期。

蔺雪春：《生态文明进路探索：山东个案》，《行政论坛》2012 年第 2 期。

刘大庆、白玲、郗笃刚等：《全球地缘政治格局力量结构演变研究——基于社会网络分析法》，《世界地理研究》2018 年第 1 期。

刘经纬：《习近平生态文明思想演进及其规律探析》，《行政论坛》2018 年第 2 期。

刘兰、于宜法、马云瑞：《生态文明视角下的渤海海洋保护区建设》，《东岳论丛》2013 年第 7 期。

刘鹏、孟凡生：《区域能源供给结构低碳化模型、配置系统及实现机制研究》，《工业技术经济》2014 年第 6 期。

刘鹏：《区域能源供给结构低碳化模型配置系统及实现机制研究》，《工业技术经济》2014 年第 6 期。

刘萍萍、唐新、付娆：《生态文明视角下我国少数民族地区经济发展的模式研究——以四川省阿坝州为例》，《西南民族大学学报》（人文社会科学版）2014 年第 3 期。

刘思华：《对建设社会主义生态文明论的若干回忆——兼述我的"马克思主义生态文明观"》，《中国地质大学学报》（社会科学版）2008 年第 4 期。

刘夏明等：《收敛还是发散？——中国区域经济发展争论的文献综述》，《经济研究》2004 年第 7 期。

刘昕、李芳仪：《中国环境服务业发展的趋势及对策》，《绿叶》2017年第11期。

刘铮：《从规模扩张到质量提升——中国城镇化传统路径反思》，《福建论坛》（人文社会科学版）2014年第4期。

卢福财、徐远彬：《环境约束下欠发达地区工业发展路径分析——以江西为例》，《江西社会科学》2017年第12期。

卢宁：《从"两山理论"到绿色发展：马克思主义生产力理论的创新成果》，《浙江社会科学》2016年第1期。

陆小成：《生态文明视域下城市绿色基础设施建设实证研究——以北京市为例》，《企业经济》2016年第6期。

吕冰洋、余丹林：《中国梯度发展模式下经济效率的增进——基于空间视角的分析》，《中国社会科学》2009年第6期。

吕海萍、池仁勇、化祥雨：《创新资源协同空间联系与区域经济增长——基于中国省域数据的实证分析》，《地理科学》2017年第11期。

马继民：《西北地区生态文明建设研究》，《甘肃社会科学》2015年第1期。

马丽君、龙云：《基于社会网络分析法的中国省际入境旅游经济增长空间关联性》，《地理科学》2017年第11期。

马丽雅：《经济新常态下民族地区全面建成小康社会的思考》，《柴达木开发研究》2017年第6期。

《马克思恩格斯选集》第1卷，人民出版社2012年版。

《马克思恩格斯选集》第3卷，人民出版社2012年版。

马勇、黄智洵：《长江中游城市群生态文明水平测度及时空演变》,《生态学报》2016 年第 23 期。

　　毛汉英:《京津冀协同发展的机制创新与区域政策研究》,《地理科学进展》2017 年第 1 期。

　　宓泽锋、曾刚、尚勇敏、陈思雨、朱菲菲:《中国省域生态文明建设评价方法及空间格局演变》,《经济地理》2016 年第 4 期。

　　莫文希:《绿色发展的当代价值与实践路径探究》,《林业经济》2017 年第 9 期。

　　宁芳、王磊:《煤矿企业生态文明建设评价分析及应用》,《中国煤炭》2015 年第 2 期。

　　彭雪蓉、黄学:《企业生态创新影响因素研究前沿探析与未来研究热点展望》,《外国经济与管理》2013 年第 9 期。

　　齐子翔:《京津冀协同发展机制设计》,社会科学文献出版社 2015 年版。

　　祁毓、卢洪友、徐彦坤:《中国环境分权体制改革研究:制度变迁、数量测算与效应评估》,《中国工业经济》2014 年第 1 期。

　　祁毓、卢洪友:《污染、健康与不平等——跨越"环境健康贫困"陷阱》,《管理世界》2015 年第 9 期。

　　秦昌才、韦洁成:《山东省城市生态文明综合评价研究》,《经济与管理评论》2018 年第 2 期。

　　秦捷、周博文:《从生态视角展开的企业绩效评价研究》,《生态经济》2017 年第 10 期。

　　秦宣:《中国特色社会主义制度是具有明显制度优势的先进制度》,《求是》2016 年第 10 期。

　　任丙强:《地方政府环境治理能力及其路径选择》,《内蒙古社会科学》（汉文版）2016 年第 1 期。

沈丽珍、汪侠、甄峰：《社会网络分析视角下城市流动空间网络的特征》，《城市问题》2017 年第 3 期。

沈满红、程华、陆根尧：《生态文明建设与区域经济协调发展战略研究》，科学出版社 2012 年版。

史丹、马丽梅：《京津冀协同发展的空间演进历程：基于环境规制视角》，《当代财经》2017 年第 4 期。

孙华平、耿涌、孔玉生、张济建：《区域协同发展中碳排放转移规制策略研究》，《科技进步与对策》2016 年第 21 期。

孙久文、年猛：《中国国土开发空间格局的演变研究》，《南京社会科学》2011 年第 11 期。

孙利娟：《生态文明视角下的产业升级最优路径模型——来自上海市的证据》，《技术经济与管理研究》2016 年第 1 期。

孙正林：《高校生态文明教育的困境与路径》，《教育研究》2014 年第 1 期。

覃成林、姜文仙：《区域协调发展：内涵、动因与机制体系》，《开发研究》2011 年第 1 期。

覃成林、刘迎霞、李超：《空间外溢与区域经济增长趋同——基于长江三角洲的案例分析》，《中国社会科学》2012 年第 5 期。

覃成林：《区域协调发展机制体系研究》，《经济学家》2011 年第 4 期。

汤梦玲、李仙：《世界区域经济协同发展经验及其对中国的启示》，《中国软科学》2016 年第 10 期。

汤学兵、张启春：《中国政府间转移支付制度的完善——基于区域基本公共服务均等化目标》,《江海学刊》2011 年第 2 期。

涂正革、谌仁俊:《排污权交易机制在中国能否实现波特效应?》,《经济研究》2015 年第 7 期。

万幼清、胡强:《产业集群协同创新的风险传导路径研究》,《管理世界》2015 年第 9 期。

王飞:《矿产资源战略评价模型与实证研究》,博士学位论文,中国地质大学(武汉),2013 年。

王红、齐建国等:《循环经济协同效应:背景、内涵及作用机理》,《数量经济技术经济研究》2013 年第 4 期。

王慧炯:《社会系统工程方法论》,中国发展出版社 2015 年版。

王杰:《中国城市生态文明建设的问题及出路》,《郑州大学学报》(哲学社会科学版)2015 年第 2 期。

王力年:《区域经济系统协同发展理论研究》,博士学位论文,东北师范大学,2012 年。

王立和:《基于不同主体功能区的生态文明建设实践路径比较研究》,《生态经济》2015 年第 10 期。

王莉:《矿产资源开发区域生态文明建设的法治路径选择》,《河南财经政法大学学报》2014 年第 6 期。

王书明、张曦兮:《生态文明视域下的海岸带综合管理——山东半岛"蓝黄"经济区生态文明建设研究》,《中国海洋大学学报》(社会科学版)2014 年第 1 期。

王淑新、胡仪元、杨名:《生态文明视角下汉江流域发展研究》,《企业经济》2015 年第 12 期。

王维国:《协调发展的理论与方法研究》,中国财政经济出版社

2000 年版。

王杏芬：《整合审计提高了财务报告质量吗？——系统协同理论视角的经验证据》，《江西财经大学学报》2011 年第 4 期。

王一鸣：《关于制定"国家区域政策纲要"的基本思路》，《宏观经济管理》1997 年第 5 期。

王永莉：《西部民族地区生态文明建设问题探析》，《民族学刊》2017 年第 1 期。

魏后凯：《推进京津冀协同发展的空间战略选择》，《经济社会体制比较》2016 年第 3 期。

吴传清、黄磊：《长江经济带绿色发展的难点与推进路径研究》，《南开学报》（哲学社会科学版）2017 年第 3 期。

吴丹、吴凤平：《基于水权初始配置的区域协同发展效度评价》，《软科学》2011 年第 2 期。

吴慧玲、齐晓安、张玉琳：《我国区域生态文明发展水平的测度及差异分析》，《税务与经济》2016 年第 3 期。

吴平：《以生态红线为基准谋划国土空间开发》，《中国经济时报》2016 年 10 月 14 日。

吴威、曹有挥、曹卫东等：《开放条件下长江三角洲区域的综合交通可达性空间格局》，《地理研究》2007 年第 2 期。

吴政隆：《以十九大精神统一思想行动谱写"强富美高"新江苏精彩篇章》，《唯实》2018 年第 1 期。

习近平：《决胜全面建成小康社会　夺取新时代中国特色社会主义伟大胜利——在中国共产党第十九次全国代表大会上的报告》，人民出版社 2017 年版。

习近平：《努力走向社会主义生态文明新时代》，《习近平谈治国理政》，外文出版社 2016 年版。

习近平：《实施三大战略，促进区域协调发展》，《习近平谈治国理政》（第二卷），外文出版社 2017 年版。

习近平：《习近平谈治国理政》，外交出版社 2016 年版。

习近平：《习近平谈治国理政》（第二卷），外文出版社 2017 年版。

习近平：《在全国生态环境保护大会上的讲话》，2018 年 5 月 19 日，见 http：//www.gov.cn/xinwen/2018–05/19/content_5292116.htm。

夏巨华：《浅论社会主义市场经济优越性》，《人力资源管理》2018 年第 4 期。

肖金成、刘保奎：《国土空间开发格局形成机制研究》，《区域经济评论》2013 年第 1 期。

肖金成、欧阳慧：《优化国土空间开发格局研究》，《经济学动态》2012 年第 5 期。

肖金成、欧阳慧：《优化国土空间开发格局研究》，中国计划出版社 2015 年版。

熊晓林、王丹：《五大发展理念与中国特色社会主义》，《思想理论教育导刊》2016 第 1 期。

徐国梅、王媛、辛培源：《长白山国家级自然保护区生态补偿机制的探讨》，《环境保护科学》2018 年第 1 期。

徐君、高厚宾、王育红：《生态文明视域下资源型城市低碳转型战略框架及路径设计》，《管理世界》2014 年第 6 期。

徐维祥、齐昕、刘程军等：《企业创新的空间差异及影响因素研究——以浙江为例》，《经济地理》2015 年第 12 期。

许芬、李霞、李晓明:《宁夏内陆开放型经济试验区建设中生态文明建设研究》,《宁夏社会科学》2014 年第 1 期。

严耕:《中国省域生态文明建设评价报告 ECI2014》,社会科学文献出版社 2014 年版。

杨静、施建军、刘秋华:《学习理论视角下的企业生态创新与绩效关系研究》,《管理学报》2015 年第 6 期。

杨开忠:《促进河北省绿色崛起:实现京津冀协同发展的关键支撑》,《经济社会体制比较》2016 年第 3 期。

杨念:《泛珠三角经济合作圈的能源合作框架探讨》,《中国能源》2005 年第 7 期。

杨汝岱、陈斌开、朱诗娥:《基于社会网络视角的农户民间借贷需求行为研究》,《经济研究》2011 年第 11 期。

杨志华:《生态文明建设评价研究的反思》,《江西师范大学学报》(哲学社会科学版)2016 年第 4 期。

叶大凤:《协同治理:政策冲突治理模式的新探索》,《管理世界》2015 年第 6 期。

余淼杰:《发展中国家间的民主进步能促进其双边贸易吗——基于引力模型的一个实证研究》,《经济学》(季刊)2008 年第 4 期。

余泳泽:《中国区域创新活动的"协同效应"与"挤占效应"——基于创新价值链视角的研究》,《中国工业经济》2015 年第 10 期。

翟坤周:《经济绿色治理:框架、载体及实施路径》,《福建论坛》(人文社会科学版)》2016 年第 9 期。

张藏领:《河北省生态文明先行实验区创新路径探讨》,《环境保护》2014 年第 17 期。

张春华:《中国生态文明制度建设的路径分析——基于马克思主义生态思想的制度维度》,《当代世界与社会主义》2013年第2期。

张静、武拉平:《中国与"一带一路"沿线国家贸易成本弹性测度与分析:基于超对数引力模型》,《世界经济研究》2018年第3期。

张可云:《生态文明与区域经济协调发展战略》,北京大学出版社2014年版。

张香君:《湖南省经济空间变化分析》,《当代经济》2018年第2期。

张宜红:《江西建设国家生态文明先行示范区的路径与政策措施》,《企业经济》2015年第2期。

张勇:《节能提高能效促进绿色发展》,《求是》2017年第11期。

赵家荣、曾少军:《永续发展之路中国生态文明体制机制研究》,中国经济出版社2017年版。

赵明刚:《中国特色对口支援模式研究》,《社会主义研究》2011年第2期。

赵先贵、赵晶、马彩虹、肖玲、李爱英:《基于足迹家族的甘肃省生态文明建设评价》,《干旱区研究》2016年第6期。

赵映慧、姜博、郭豪等:《基于公共客运的东北地区城市陆路网络联系与中心性分析》,《经济地理》2016年第2期。

赵增耀、章小波、沈能:《区域协同创新效率的多维溢出效应》,《中国工业经济》2015年第1期。

赵作权:《全国国土规划与空间经济分析》,《城市发展研究》2013年第7期。

郑翀、蔡雪雄、李倩:《生态文明试验区与福建产业绿色转型对策研究》,《福建论坛》(人文社会科学版)2017 年第 4 期。

郑永年:《重建中国社会》,东方出版社 2015 年版。

中共天津市委理论学习中心组:《做足协同大文章打造发展新引擎》,《求是》2017 年第 7 期。

中共中央国务院:《生态文明体制改革总体方案》,《人民日报》2015 年 9 月 22 日。

中共中央国务院:《关于全面加强生态环境保护坚决打好污染防治攻坚战的意见》,《中国生态文明》2018 年第 3 期。

中共中央国务院:《关于建立更加有效的区域协调发展新机制的意见》,《人民日报》2018 年 11 月 30 日。

中共中央宣传部:《习近平新时代中国特色社会主义思想三十讲》,学习出版社 2018 年版。

曾刚等:《长江经济带协同发展的基础与谋略》,经济科学出版社2014 年版。

曾珍香、张培、王欣菲:《基于复杂系统的区域协调发展——以京津冀为例》,科学出版社 2010 年版。

曾志刚、冯志峰:《习近平新时代中国特色社会主义思想的三重逻辑论析》,《求实》2018 年第 3 期。

周金明、朱晓临:《基于 AHP—GRA 的生态文明模糊综合评价模型》,《合肥工业大学学报》(自然科学版)2017 年第 10 期。

周柯、郭晓梦、高洁:《协调推进产业转移与生态文明建设》,《宏观经济管理》2013 年第 11 期。

周密:《我国区域经济非协调发展的内在机理——非平衡发展战略模型的设计与比较》,《财经科学》2009 年第 5 期。

周名良：《工业化、污染治理与中国区域可持续发展》，经济管理出版社 2012 年版。

朱桃杏、吴殿廷、马继刚等：《京津冀区域铁路交通网络结构评价》，《经济地理》2011 年第 4 期。

祝尔娟、何晶彦：《京津冀协同发展指数研究》，《河北大学学报》（哲学社会科学版）2016 年第 3 期。

祝佳：《创新驱动与金融支持的区域协同发展研究——基于产业结构差异视角》，《中国软科学》2015 年第 9 期。

Ambec S., Barla P., "A Theoretical Foundation of the Porter Hypothesis", *Economics Letters*, No.75, 2002.

Arfaoui, N., Brouillat E., Saint Jean, M., "Policy Design and Technological Substitution : Investigating the REACH Regulation in an Agent-based Model", *Ecological Economics*, No.107, 2014.

Bai, S.W., Zhang, J.W., Wang, Z., "A Methodology for Evaluating Cleaner Production in the Stone Processing Industry : Case Study of a Shandong Stone Processing Firm", *Journal of Cleaner Production*, No.102, 2015.

Baumol, W.J., *The Free-market Innovation Machine : Analyzing the Growth Miracle of Capitalism*, Princeton University Press, 2002.

Becker, R.A., "Local Environmental Regulation and Plant-level Productivity", *Ecological Economics*, No.70, 2011.

Beise, M., Rennings K., "Lead Markets and Regulation : A Framework for Analyzing the International Diffusion of Environmental Innovations", *Ecological Economics*, No.52, 2005.

Berkhout, F., "Eco-innovation : Reflections on an Evolving Research Agenda", *International Journal of Technology*, *Policy and Management*, No.11, 2011.

Blomstrom, M., Kokko, A., *Regional Integration and Foreign Direct Investment*, Working Paper Series in Economics and Finance, No. 172, 1997.

Borghesi, S., Costantini, V., Crespi, F., Mazzanti, M., "Environmental Innovation and Socio-Economic Dynamics in Institutional and Policy Contexts", *Journal of Evolutionary Economics*, No. 23, 2013.

Brohmann, B., Heinzle, S., Rennings, K., Schleich, J., W ü stenhagen, R., *What's Driving Sustainable Energy Consumption : A Survey of the Empirical Literature*, Mannheim Zentrum f ü r Europäische Wirtschaftsforschung Discussion Paper, No. 09-013, 2009.

Chiou, T.Y., Chan, H.K., Lettice, F., Chung, S.H., "The Influence of Greening the Suppliers and Green Innovation on Environmental Performance and Competitive Advantage in Taiwan", *Transportation Research Part E : Logistics and Transportation Review*, No.47, 2011.

Damijan, J.P., Knell, M., Majcen, B., Rojec, M., "The Role of FDI, R&D Accumulation and Trade in Transferring Technology to Transition Countries : Evidence from Firm Panel Data for Eight Transition Countries", *Economic Systems*, No.27, 2003.

Eiadat, Y., Kelly A., Roche F., Eyadat H., "Green and Competitive? An Empirical Test of the Mediating Role of Environmental

Innovation Strategy", *Journal of World Business*, No.43, 2008.

Foellmi R., Zweimüller J., "Income Distribution and Demand-induced Innovations", *The Review of Economic Studies*, No.73, 2006.

Ghisetti C., Pontoni F., "Investigating Policy and R&D Effects on Environmental Innovation: A Meta-analysis", *Ecological Economics*, No.118, 2015.

Ghisetti C., Quatraro F., "Beyond Inducement in Climate Change: Does Environmental Performance Spur Environmental Technologies? A Regional Analysis of Cross-sectoral Differences", *Ecological Economics*, No.96, 2013.

Horbach, J., "Determinants of Environmental Innovation — New Evidence from German Panel Data Sources", *Research Policy*, No.37, 2008.

Horbach J., Rammer C., Rennings K., "Determinants of Eco-innovations by Type of Environmental Impact — the Role of Regulatory Push/Pull, Technology Push and Market Pull", *Ecological Economics*, No.78, 2012.

Horbach J., Rennings K., "Environmental Innovation and Employment Dynamics in Different Technology Fields – An Analysis Based on the German Community Innovation Survey 2009", *Journal of Cleaner Production*, No.57, 2013.

Islam N., Vincent J., Panayotou T., *Unveiling the Income-environment Relationship: An Exploration into the Determinants of Environmental Quality*, Harvard Inst. for Internat Development, 1999.

Jaffe A.B., Newell R.G., Stavins R.N., "A Tale of Two Market

Failures : Technology and Environmental Policy", *Ecological Economics*, No.54, 2005.

Kammerer D., "The Effects of Customer Benefit and Regulation on Environmental Product Innovation", *Ecological Economics*, No. 68, 2009.

Kemp R., Pearson P., Final Report MEI Project about Measuring Eco-innovation, *UM Merit*, *Maastricht*, No.10, 2007.

Khanna M., Deltas G., Harrington D.R., "Adoption of Pollution Prevention Techniques : The Role of Management Systems and Regulatory Pressures", *Environmental and Resource Economics*, No. 44, 2009.

Lee J., Veloso F.M., Hounshell D.A., "Linking Induced Technological Change, and Environmental Regulation : Evidence from Patenting in the U.S. Auto Industry", *Research Policy*, No.40, 2011.

Liu X., Buck T., "Innovation Performance and Channels for International Technology Spillovers : Evidence from Chinese High-tech Industries", *Research Policy*, No.36, 2007.

Porter M., "America's Green Strategy", *Scientific American*, No. 264, 1991.

Porter M.E., Van der Linde C., "Toward a New Conception of the Environment—Competitiveness Relationship", *The Journal of Economic Perspectives*, No.9, 1995.

Rennings K., "Redefining Innovation—Eco-innovation Research and the Contribution from Ecological Economics", *Ecological Economics*, No.32, 2000.

Rennings K., Rexhäuser S., "Long-term Impacts of Environmental Policy and Eco-Innovative Activities of Firms", *International Journal of Technology, Policy and Management*, No.11, 2011.

Rey S. J., "Spatial Empirics for Economic Growth and Convergence", *Geographical Analysis*, No.33, 2001.

Romer P., "Endogenous Technological Change", *The Journal of Political Economy*, No.98, 1990.

Tang Q.Y., Zhang C.X., "Data Processing System (DPS) Software with Experimental Design, Statistical Analysis and Data Mining Developed for Use in Entomological Research", *Insect Science*, No.20, 2013.

Tang Z., Tang J., "Stakeholder-firm Power Difference, Stakeholders' CSR Orientation, and SMEs' Environmental Performance in China", *Journal of Business Venturing*, No.27, 2012.

United Nations Development Programme, *Human Development Report 1990*, Oxford University Press, 1990.

United Nations Department for Policy Co-ordination and Sustainable Development, *Indicators of Sustainable Development : Framework and Methodologies*, United Nations, 1996.

van den Bergh, J.C., "Environmental Regulation of Households : An Empirical Review of Economic and Psychological Factors", *Ecological Economics*, No. 66, 2008.

Von Schirnding, Y., *Health in Sustainable Development Planning : The Role of Indicators*, World Health Organization, 2002.

Wilson J., Tyedmers P., Pelot R., "Contrasting and Comparing

Sustainable Development Indicator Metrics", *Ecological Indicators*, No.7, 2007.

World Economic Forum's Global Leaders for Tomorrow Environment Task Force (WEF), Yale Center for Environmental Law and Policy (YCELP), and the Columbia University Center for International Earth Science Information Network (CIESIN), *The Environmental Sustainability Index (ESI)*, New Haven, 2002.

Zhu Q., Cordeiro J., Sarkis J., "International and Domestic Pressures and Responses of Chinese Firms to Greening", *Ecological Economics*, No. 83, 2012.

后 记

　　本书是我主持的国家社科基金青年项目"我国生态文明区域协同发展的动力机制研究"(12CKS022) 的最终成果，也是近年来潜心研究我国生态文明建设理论与实践论题的阶段性总结。在书稿付梓之际，虽有辛勤耕耘后的喜悦涌上心头，但更多的是由衷的感激之情。

　　首先要感谢中国地质大学（武汉）成金华教授。成老师是我博士研究生学习期间的指导老师。无论是在求学时期还是走上工作岗位以后，他总是以严谨求实的治学态度、精湛渊博的专业知识、精益求精的工作作风和关爱学生的高贵品格引领、指导我的成长。老师开阔的学术视野、和蔼可亲的笑容及对学生循循善诱的教诲，给予我莫大的鼓舞和支持。正是通过参加老师 2011 年先后主持的国家社科基金一般项目"我国工业化与生态文明建设研究"和国家社科基金重大项目"我国资源环境问题的区域差异和生态文明评价指标体系研究"，我才专心于我国生态文明区域发展的研究，进而获得国家社科基金项目资助和后续的研究成果。

　　本书的完成还离不开众多良师益友的鼓励与帮助，在此，我要一并向他们表示深深的谢意。感谢中国地质大学（武汉）马克思主义学院高翔莲教授、吴东华教授、侯志军教授、刘世勇教授、黄娟教授、卢文忠教授、严世雄副教授、郭关玉副教授、朱桂莲副教授一直以来给予我的鼓励与支持；感谢中国地质大学（武汉）经济管理学院吴巧生教授、王小林副教授、张欢副教授、张意翔副教授、易杏花副教授、李金滟副教授、倪琳副教授在项目研究过程中给予的关心和帮助；感谢国家社科基金项目评审过程中提出宝贵意见和中肯建议的专家；感谢人民出版社吴炤东副主任在本书出版过程中的辛勤付出。

同时，我要感谢李悦、路祥翼、邱阳阳、梅国琴、高地、曾玉真、何元浪、曾诗越等同学在项目研究中付出的努力。在实地调研、报告撰写和书稿修改的过程中，他们加班加点进行文献整理、数据处理和分析讨论，为顺利完成研究工作作出了诸多探索。正是有了他们的积极参与，才有了我研究征途上踌躇徘徊后的坚持，才有了持续不断的启发和收获。他们追求进步、忘我拼搏的精神令我感动。

本书的写作过程中，我们参考、运用了大量国内外已有的研究成果和数据资料，专家学者们的学术研究给予我众多启迪。他们的姓名虽不能逐一列出，但还是要在此向他们表示衷心的谢意。

最后，我要感谢我的家人。父母始终如一的无私关爱，妻子的理解与关心，女儿的成长和进步，是激励我在学术道路上勇敢前行的不竭动力。

陈军

2019 年 9 月